废旧橡胶集料混凝土

杨春峰 于 群 著

化学工业出版社

·北京·

《废旧橡胶集料混凝土》总结了作者多年来废旧橡胶集料混凝土方面的相关研究成果，主要内容包括：废旧橡胶集料混凝土的配合比设计和物理性能、废旧橡胶集料处理方法、废旧橡胶集料混凝土的力学性能、废旧橡胶集料混凝土的耐久性能、冻融循环后废旧橡胶集料混凝土的力学性能等。

《废旧橡胶集料混凝土》可为从事土木工程专业的广大科技工作者和设计人员提供参考，也可作为相关专业研究生和高年级本科生的学习参考书。

图书在版编目（CIP）数据

废旧橡胶集料混凝土/杨春峰，于群著. —北京：化学工业出版社，2020.7
　ISBN 978-7-122-36675-7

　Ⅰ.①废… Ⅱ.①杨… ②于… Ⅲ.①轻集料混凝土-混凝土施工-研究 Ⅳ.①TU528.2

中国版本图书馆 CIP 数据核字（2020）第 077246 号

责任编辑：满悦芝　　　　　　　　　　　文字编辑：刘　璐　陈小滔
责任校对：宋　玮　　　　　　　　　　　装帧设计：张　辉

出版发行：化学工业出版社（北京市东城区青年湖南街 13 号　邮政编码 100011）
印　　装：涿州市京南印刷厂
710mm×1000mm　1/16　印张 7¾　字数 133 千字　2020 年 7 月北京第 1 版第 1 次印刷

购书咨询：010-64518888　　　　　　　　售后服务：010-64518899
网　　址：http://www.cip.com.cn
凡购买本书，如有缺损质量问题，本社销售中心负责调换。

定　　价：59.00 元

前 言

　　废旧橡胶集料混凝土是用橡胶颗粒部分取代普通混凝土中的粗或细骨料而制备的混凝土，橡胶颗粒一般由废旧汽车轮胎经过粉碎、研磨、清洗等加工而得。作为一种新型绿色环保复合材料，废旧橡胶集料混凝土具有韧性高、保温隔热、隔声降噪和耐久性能好等优点。自20世纪90年代开始，国内外学者对废旧橡胶集料混凝土进行了广泛的研究，并逐步在道路桥梁工程、铁路工程、水利工程和民用建筑工程中得到一定应用。

　　尽管对废旧橡胶集料混凝土的研究在国内已经开展多年，但由于橡胶颗粒的粒径种类、取代方式和掺配比例等多种多样，且配制混凝土的出发点多有不同，因此尚无较为系统的相关理论。自2010年以来，笔者及课题组研究人员聚焦橡胶颗粒的小比例等体积取代方式，在不过多影响混凝土强度的前提下，将橡胶颗粒作为混凝土的改性材料，系统开展了不同橡胶颗粒粒径和掺量对混凝土力学性能和耐久性能影响的试验研究和理论分析，力求丰富废旧橡胶集料混凝土的研究，促进其推广和应用。

　　本书由杨春峰教授统稿。参加本书编写的有：杨春峰教授（第一、二、三章），于群副教授（第四、五、六章）。硕士研究生杨敏、叶文超、王培竹、张昆、张龙元等协助笔者完成了部分试验、计算和分析工作，本科生于冬雪、董悦、任永鹏等参与了耐久性能研究的试验，并负责对书中的图表进行整理，他们均对本书的完成做出了重要的贡献，在此表示由衷的感谢！

　　本书的研究工作得到了辽宁省"兴辽英才计划"课题"高性能新型混凝土材料应用的关键技术研究"（XLYC1802018）、辽宁省自然科学基金项目"冻融循环后废旧橡胶集料混凝土力学性能及本构关系研究"（20170540640）和辽宁省自然科学基金项目"废旧橡胶集料混凝土耐久性研究"（201102153）的支持和资助，一并表示感谢！

　　本书的内容和观点难免存在不足，敬请同行专家和广大读者不吝指正。

著　者
2020 年 4 月

目 录

第一章 概 论

第一节 废旧橡胶集料混凝土简介

废旧橡胶集料混凝土是指采用废旧橡胶颗粒作为集料配制的水泥混凝土。废旧橡胶颗粒一般取材于废旧橡胶轮胎，将废旧橡胶轮胎加工成橡胶颗粒并将其作为粗骨料或细骨料掺加到混凝土中，此法制备出的混凝土称为废旧橡胶集料混凝土。

随着汽车产业的快速发展，废旧轮胎日益增多。据统计，截至2017年底，我国机动车保有量达3.10亿辆，2017年在公安交通管理部门新注册登记的机动车有3352万辆，其中新注册登记的汽车有2813万辆，均创历史新高。2017年我国废旧轮胎的产生量就已超过1300万吨，并且仍以每年6%至8%的比例增长。废旧轮胎属于工业有害固体废物，它不仅具有抗热性，抗机械性，而且上百年不易分解；若弃于地面，它不仅占用土地，而且极易滋生蚊虫，引发传染病，对居民健康造成危害，也存在火灾隐患。废旧轮胎已成为"黑色污染"，正在严重威胁着人类的身体健康和生存环境。

废旧轮胎作为一种工业材料，具有很高的回收价值，可为社会提供大量的再生资源。目前，废旧轮胎具有多种使用途径：①原形的直接利用，即将其转用于低速车辆，或者用作港口码头的护航、浮标、路标、园林装饰、游乐玩具等；②废旧轮胎补上磨损胎面，再次使用；③机械粉碎制成再生胶或胶粉，作为新的弹性材料；④高温热裂解，提取燃气、裂解油、炭黑、钢铁等原材料；⑤作为热能燃料。我国高度重视对废旧轮胎的回收利用，原国家经济贸易委员会根据《再生资源回收利用

"十五"规划》的要求,成立了《废旧轮胎回收利用管理办法》立法起草工作小组和专家委员会,建立健全了废旧轮胎回收的有效机制。

废旧轮胎等橡胶既对生态环境造成了严重的威胁,也形成了一种严重的资源浪费现象,因此,如何有效地回收再利用废旧轮胎等橡胶已成为社会的热点问题。目前,将废旧轮胎等橡胶制成橡胶粉是其主要的回收再利用途径。1993 年,Alietal 在国际混凝土会议上首次提出橡胶集料混凝土——即将废旧轮胎制成不同粒径的橡胶粉,并添加到普通混凝土中而形成的一种复合材料。胶粉具有不溶,有一定弹性、强度和抗滑性的特点,且胶粉中含有大量的无机填料和各种橡胶组成,故将它添加到混凝土中,既可改善混凝土的缺陷,又可大量解决废旧橡胶的有效再利用问题。作为新型的复合材料——"橡胶粉-混凝土",引起了各国学者的高度重视和研究的兴趣。在 20 世纪 90 年代初期,一些发达的西方国家就开始了对橡胶集料混凝土的研究,而我国也在 90 年代末期开始了研究热潮。在 20 余年的研究里,各国学者对橡胶集料混凝土的强度、韧性、冲击性、弹性模量、阻尼性、黏结性、流动性、耐久性、收缩、隔热隔声等方面进行了研究,也将其实际应用到了道路、铁路、民用建筑等工程中。

现有研究表明,与普通水泥混凝土相比,废旧橡胶集料混凝土具有变形性能好、韧性高、隔声隔热性能好、改善混凝土抗冻性等优点,同时废旧橡胶集料的掺加,也会导致混凝土强度降低、生产成本增加等问题。

第二节　废旧橡胶集料混凝土的研究概况和工程应用

一、废旧橡胶集料混凝土的研究概况

(一) 工作性能

1.密度

Khatib 和 Bayomy 通过试验研究指出,当橡胶的掺量不超过骨料总体积的 10%～20%时,混凝土的密度减小量可以忽略不计。Topcu I. B. 研究结果表明,在橡胶掺量不变的情况下,橡胶集料混凝土的密度随橡胶粒径的增加而减小,但 Benazzouk 和 Albano C. 的试验结果则恰恰相反。Khaloo A. R. 综合考虑了橡胶掺量与橡胶粒径的影响,通过对比分析得出:当橡胶掺量不大于混凝土集料总体积的 40%时,橡胶粒径较大的混凝土密度大;当橡胶掺量大于 40%时,橡胶粒径较小的混凝土密度大。赵丽妍试验研究结果表明,橡胶集料混凝土的密度均低于普通混凝土,橡胶粒径较大时随掺量增多密度下降比较明显,而粒径较小的橡胶粉的掺入填充了混凝土的空隙，密度下降较小。

2. 坍落度

Khatib 和刘加平等认为橡胶的掺入会减小混凝土的坍落度，主要是因为橡胶具有一定的吸水性，对混凝土拌合物性能造成了影响。Li G. Q. 的试验结果表明，当橡胶掺量为 15% 时对混凝土坍落度的大小没有明显的影响。袁勇等发现，橡胶集料混凝土拌合物坍落度的大小与橡胶粒径有关，当橡胶粒径为 8 目时，随着橡胶掺量的增多，橡胶集料混凝土的坍落度增大；当橡胶粒径为 40 目时，坍落度随着橡胶掺量的增多而减小。王涛等的试验结果也证明：橡胶粒径较小的情况下，橡胶粉表现出较强的吸水性，因此随着橡胶掺量的增加，混凝土的坍落度减小。杨敏对不同掺量不同粒径的橡胶集料混凝土进行试验研究并指出，随着粗橡胶粒掺量的增多，橡胶集料混凝土拌合物的坍落度逐渐增大，而随着细橡胶粉掺量的增加，橡胶集料混凝土拌合物的坍落度呈现先增加后减小的趋势。

3. 含气量

Fedroff 等的研究结果表明，橡胶集料混凝土的含气量要大于基准混凝土，且随着橡胶掺量的增大，含气量变大。Taha M. M. R. 和 Li G. Q. 研究发现橡胶集料混凝土含气量变化情况与橡胶粒径无关。但大多数学者试验结果表明，橡胶掺量和橡胶粒径是影响橡胶集料混凝土含气量的重要因素。袁群、杨卫坤等的试验研究结果表明：橡胶粒径越小其引气效果越明显，掺量在 0%～15% 时含气量增幅不大，但当掺量大于 15% 时，含气量增幅较大。王涛也指出粒径越小，橡胶表面比表面积越大，引入的气泡越多。曹宏亮等对橡胶等体积取代砂、橡胶等体积取代石子以及橡胶外掺三种橡胶引入方式进行对比分析，结果表明橡胶等体积取代砂的掺入方式含气量最小。

（二）静力性能

橡胶集料混凝土的静力性能方面的研究主要包括混凝土的抗压强度、劈裂抗拉强度、抗折强度、静力弹性模量等。在 20 世纪 90 年代初，以美国 Eldin、Topcu 等为主的学者主要用橡胶颗粒等体积取代粗或细骨料，结果表明橡胶颗粒的掺入使混凝土抗压强度和劈裂抗拉强度下降明显，当橡胶颗粒全部取代细骨料时，强度下降范围为 70%～90%。随后各国学者纷纷用较少的橡胶颗粒等体积取代部分骨料，强度下降程度明显减小，当橡胶掺量在 25% 以内时，强度下降控制在 50% 以内。自 20 世纪 90 年代末，我国以天津大学、东南大学、大连理工大学、广东工业大学等为代表的单位开始了橡胶集料混凝土的基本力学性能的研究。张昊、李靖等研究表明，随着橡胶掺量的增加，虽然混凝土的抗压和劈裂抗拉强度均下降，但是其拉压比（劈裂抗拉强度与立方体抗压强度的比值）却较普通混凝土有所提高。骆斌、赵丽妍等的研究表明，随着橡胶掺量的增加，混凝土的折压比（抗折强度与立方体抗压强度的比值）却较普通混凝土有所增加。这些研究表明，当控制橡胶颗粒的掺量，虽然强度均有所下降，但其拉压比、折压比却增加了，即改善了混凝土的韧性和弹性性能。

（三）动力性能

橡胶集料混凝土的动力性能研究主要包括混凝土的抗冲击性、阻尼性等。目前，由于各国在抗冲击性能试验标准上还没达到统一，试验方法呈现多样性，国内外学者在这一方面的研究也较少，但现有研究结果一致表明，随着橡胶颗粒掺量的增加，混凝土的阻尼比和抗冲击性能较普通混凝土有较大幅度的提高。许静、赵志远等的研究表明，当橡胶掺量在 20％时，混凝土的阻尼比和抗冲击性能可提高 50％以上。抗冲击性能和阻尼比的大幅度提高，引起了橡胶集料混凝土的研究热潮，因为这明显改善了普通混凝土从脆性转变为塑性破坏，增强了混凝土的韧性，提高了混凝土的抗震减噪、隔热隔声等性能。

（四）耐久性能

橡胶的掺入可以改善混凝土的抗冻性，Paine、Zhang Y. M. 认为，橡胶作为一种弹性体分布在混凝土中为水结冰产生的膨胀提供了空间，在冻融循环过程中，橡胶颗粒反复压缩恢复，大大削弱了膨胀应力。Savas 等的试验结果表明，当橡胶掺量为 10％和 15％时，混凝土的冻融循环次数比基准混凝土提高了 60％，当橡胶掺量为 20％和 30％时，混凝土的抗冻性则达不到 ASTM 标准的要求。Paine K. A. 和 Dhir R. K. 等试验结果表明，橡胶的掺入改善了混凝土的抗冻性，橡胶颗粒相当于固体引气剂，其提高抗冻性的效果与引气剂相当。陈波等对 5 种配比的混凝土进行了抗冻性试验，研究结果表明：掺入橡胶粉的改善效果要优于橡胶粒。徐金花对两种橡胶粒径、四种橡胶掺量的橡胶集料混凝土抗冻性进行研究，试验结果表明：橡胶粒径越小，改善混凝土抗冻性效果越明显，掺入 5％～10％的粒径小于 0.7mm 的橡胶的混凝土抗冻性最优。Zhang Y. M. 也指出，适当的橡胶掺量，对混凝土在盐冻的情况下的抗冻性也有所改善，但效果不如在水中的抗冻性。祝发珠对橡胶集料混凝土在盐冻情况下的抗冻性进行了研究，提出橡胶的最佳掺量为 12％。张亚梅等对橡胶集料混凝土和掺入引气剂的混凝土进行对比研究，试验结果表明：当橡胶掺量小于 10％、橡胶粒径为 $140\mu m$ 时，橡胶集料混凝土的抗冻性要优于引气剂混凝土，而粒径为 3～4mm 的橡胶粒与引气剂对混凝土的改善效果相当。

此外，国内外学者对橡胶集料混凝土的抗氯离子渗透性、抗碳化性等耐久性能

废旧橡胶集料混凝土

也进行了大量的研究。Oikonomou、Mavridou 和朱涵等对橡胶集料混凝土的抗氯离子渗透性进行了研究，试验结果表明：橡胶的掺入可以改善混凝土的抗氯离子渗透性，但橡胶掺量不宜过大，在 10% 左右时改善效果最佳。王宝民等的试验结果表明：橡胶掺量为 $10kg/m^3$ 时，橡胶集料混凝土的抗氯离子渗透性最优，且橡胶粒径在 60～80 目时对氯离子扩散系数的影响最小。然而，对橡胶集料混凝土抗碳化性能的研究结果则并不统一，叶文超、罗晓勇等认为，橡胶的掺入使橡胶集料混凝土的早期抗碳化性能减弱，而后期抗碳化性能得到提升，当橡胶掺量为 10% 时，可以提高混凝土的抗碳化性能。袁群、罗琦等的试验结果则表明，橡胶集料混凝土的碳化深度要大于普通混凝土，且橡胶掺量越大，碳化深度增长越快。

二、废旧橡胶集料混凝土的工程应用

近年来，橡胶集料混凝土在国内外的应用已经取得了突破性的进展，尤其是在道路、桥梁和铁路上的应用已逐渐成熟，橡胶集料混凝土具有良好的发展前景。

（一）道路桥梁工程中的应用

橡胶作为一种路面材料在道路和桥梁中应用，橡胶粉可用作沥青改性剂，与热沥青混合铺设路面，由于橡胶具有良好的抗冲击、抗疲劳、抗磨等特性，可使公路寿命延长 1～3 倍，其消能减震的特性可使车辆行驶噪声降低至 50%～70%，橡胶集料混凝土路面增大了与汽车轮胎的摩擦力，因此可缩短刹车距离，提高公路上车辆行驶的安全性，因此，橡胶在路面应用上具有较大的发展空间。沥青是一种自然资源，近年来，随着沥青资源的不断减少，价格也随之增高，使橡胶改性沥青的发展受到限制，然而，制造的水泥和矿石资源比较丰富，给橡胶集料混凝土的应用提供了广阔的空间。

在国外，1999 年 2 月，朱涵教授在美国亚利桑那州立大学校园内铺设了第一条可使用的橡胶集料混凝土人行道，经过时间验证其使用性能良好；随后在 2003 年 6 月，美国亚利桑那州交通部在该州北部建造了世界上第一条橡胶集料混凝土路面（相当于国内一级公路），同年 10 月，该州交通部及其他单位建造了多个试验点，其中凤凰市一个水泥厂内的三个泊车位试验点，经受卡车多年载货、卸货，至今性能表现良好。2002 年在西班牙的萨拉曼卡附近的居民区建成的一段小掺量橡胶粉路面，经过多年的重载交通负荷，仍保持良好的使用状态。

在国内，天津大学朱涵教授首次将橡胶集料混凝土路面铺设在青银高速公路石家庄收费站某个站口路面以及天津大学校园路面等实际工程中，经实践证明，橡胶集料混凝土路面性能良好。此外，橡胶集料混凝土还可以作为韧性面层或弹性条体应用到伸缩缝中，可使伸缩宽度变窄甚至取消伸缩缝，缩短施工工期，减少施工费用，在上海市外环道路、内环线高架桥中用于开裂修复和道路桥梁刚性段与柔性段的衔接。

（二）铁路工程中的应用

橡胶集料混凝土在铁路工程中主要应用在铁路轨枕的铺设。随着车速的不断提高，对铁路铺设的要求也越来越苛刻，传统的混凝土铁路轨枕很难满足要求。橡胶集料混凝土具有良好的抗冲击性和减振性，在列车行驶过程中能有效地消耗振动所产生的能量，减小振动和噪声，既能延长铁轨的寿命，又可以保证列车安全平稳地行驶。在韩国，将橡胶粉掺入混凝土中用模型压制铁路轨枕，具有质量轻、减振、抗磨蚀等优点。2003年，我国青岛绿叶橡胶有限公司与加拿大控股集团公司合作，开始实施橡胶集料混凝土铁路轨枕的生产。

（三）水利工程中的应用

碾压混凝土应用于水坝的建造和加固的技术在国内外已经日趋成熟，我国长江三峡工程三期的高100m的横向围堰是碾压混凝土应用于建筑工程的代表。水利工程环境的特殊性，以及碾压混凝土抗裂性能差、适应变形能力低的特点严重影响了碾压混凝土在工程上的使用。天津大学的亢景付教授对碾压橡胶集料混凝土进行了大量的研究，结果表明：碾压橡胶集料混凝土具有较好的抗裂、抗变形性能，适用于有严格抗裂防渗要求的水利工程，其极限变形能力可提高一倍。

（四）建筑工程中的应用

目前，橡胶集料混凝土在民用建筑中主要应用于轻质砌块、轻质隔墙和预制钢筋橡胶集料混凝土楼板，与普通混凝土相比，橡胶集料混凝土具有质量轻、隔热隔声性能好的优势，是一种绿色环保的建筑材料。橡胶集料混凝土的应用范围主要是：重要军事建筑、核工业建筑、防恐怖袭击的重要建筑以及对隔热、隔声性能有特殊要求的轻骨料混凝土砌块。

第二章 废旧橡胶集料混凝土的配合比设计及工作性能

第一节 废旧橡胶集料混凝土的配合比设计

一、试验用原材料

（一）水泥

试验采用的水泥为辽宁本溪山水实业有限公司生产的工源牌 42.5 级普通硅酸盐水泥，具体的性能指标见表 2.1。

表 2.1 水泥性能指标

检验项目	标准稠度用水量	初凝时间	终凝时间	安定性	抗压强度/MPa	
					3d	28d
结果	25%	150min	200min	合格	21.8	44.2

（二）集料

细集料采用河砂，颗粒级配见表 2.2，性能指标见表 2.3；粗集料采用碎石，颗粒级配见表 2.4，性能指标见表 2.5。

表 2.2 河砂颗粒级配

筛孔径/mm	第一组			第二组		
	筛余质量/g	分计筛余/%	累计筛余/%	筛余质量/g	分计筛余/%	累计筛余/%
4.75	6.1	1.12	1.12	4.8	0.96	0.96
2.36	60.8	12.06	13.18	54.3	10.86	11.82

筛孔径/mm	第一组			第二组		
	筛余质量/g	分计筛余/%	累计筛余/%	筛余质量/g	分计筛余/%	累计筛余/%
1.18	74.4	14.78	28.06	68.6	13.72	25.54
0.6	136.7	27.24	55.4	140.2	28.04	53.58
0.3	190.0	37.9	93.4	198.8	39.76	93.34
0.15	24.4	4.78	98.28	26.5	5.3	98.64
筛底	5.9	1.28	99.36	5.3	1.06	99.7
细度模数	2.83					

表 2.3 河砂材料性能指标

含水率/%	表观密度/(kg/m³)	紧密堆积密度/(kg/m³)	松散堆积密度/(kg/m³)
1.2	2540	1615	1460

表 2.4 碎石颗粒级配

筛孔径/mm	第一组			第二组		
	筛余质量/g	分计筛余/%	累计筛余/%	筛余质量/g	分计筛余/%	累计筛余/%
26.5	155	3.10	3.10	142	2.84	2.84
19.00	465	9.30	12.40	408	8.16	11.00
16.00	1840	36.80	49.20	1986	39.72	50.72
9.50	1165	23.30	72.50	1128	22.56	73.28
4.75	1245	24.90	97.40	1146	22.92	96.20
2.36	90	1.80	99.20	135	2.70	98.90
筛底	30	0.60	99.80	20	0.40	99.30
公称粒径	5~25mm					

表 2.5 碎石材料性能指标

含水率/%	表观密度/(kg/m³)	紧密堆积密度/(kg/m³)	松散堆积密度/(kg/m³)
2.0	2780	1785	1610

(三) 橡胶颗粒

试验中采用的橡胶颗粒由沈阳市宏玉盛橡胶材料厂生产，其外观形貌如图2.1～图2.3所示，相关的性能指标见表2.6。

图 2.1　胶粒 a　　　　　图 2.2　胶粉 b　　　　　图 2.3　胶粉 c

表 2.6　橡胶颗粒的性能指标

名称	粒径/目	表观密度/(kg/m³)	堆积密度/(kg/m³)
胶粒 a	5～8	1250	740
胶粉 b	30～40	980	337
胶粉 c	60～80	890	296

（四）其他材料

1. 表面改性剂

本试验所用的橡胶颗粒主要是采用 NaOH 溶液进行改性处理的。NaOH 固体颗粒由沈阳市瑞丰精细化学品有限公司生产，自制成 3% 浓度的 NaOH 溶液。另外，在改性处理研究中也采用由天津市瑞金特化学品有限公司生产的四氯化碳溶液。

2. 外加剂

本试验采用的外加剂为高效减水剂，是由山西黄腾化工有限公司生产的 UNF-1 型萘系高效减水剂，减水效率为 15%～20%。

3. 水

试验所用水均为普通自来水。

二、配合比设计

混凝土配合比设计是指确定组成混凝土材料的各组分的比例，它是混凝土材料研究最基本且最核心的一个问题，是进行试验研究的前提。传统的混凝土配合比设计是通过经验查表法而进行的。首先通过计算得到粗略的配合比，再由试验调整而得到满足要求的标准配合比。随着高性能混凝土、自密实混凝土、再生混凝土、生态混凝土、纤维混凝土、橡胶集料混凝土等各种新型混凝土的不断出现和发展，混凝土的组成材料逐渐复杂化，工作性能、力学性能和耐久性要求越来越高，传统的普通混凝土配合比设计方法已不能满足其他类型混凝土的材料和性能的高要求了。本研究通过查阅大量研究文献，总结和分析了各种混凝土配合比设计方法，并在此基础上，提出了改进的确定橡胶集料混凝土配合比的全计算法。

（一）配合比设计基本思路

依据粒径尺寸，橡胶颗粒可作为细骨料，按等体积取代砂方式掺加到普通混凝土中。按照普通混凝土的配置强度计算方法和鲍罗米方程，确定水灰比；依据骨料紧密堆积理论，计算理论最优砂率；利用普遍适用的体积模型，计算最优用水量；依据绝对体积法求解骨料用量；即完成橡胶集料混凝土的配合比设计过程。

（二）配合比设计步骤

1. 选择材料，确定材料的性能参数

选择满足工程需要的水泥、砂、石子、橡胶、减水剂，通过对砂、石子、橡胶的表观密度、堆积密度、含水率等进行测试，详细了解原材料的性能指标，具体指标见表 2.1～表 2.6。

2. 强度确定

本试验基准混凝土设计强度为 C45，按照普通混凝土设计方法，设计橡胶集料混凝土的配制强度，计算公式如式（2.1）所示。根据计算，混凝土配制强度为 53.23MPa。

$$f_{cu,o} = f_{cu,k} + 1.645\sigma \qquad (2.1)$$

式中，$f_{cu,o}$ 为混凝土配制强度，MPa：$f_{cu,k}$ 为混凝土立方体抗压强度标准值，MPa：σ 为混凝土强度标准差，MPa，当设计强度 ≥ C30 时，$\sigma = 5$。

3. 水灰比确定

依据混凝土的配制强度及耐久性要求，按式（2.2）确定水灰比。

$$\frac{W}{C} = \frac{\alpha_a f_{ce}}{f_{cu,o} + \alpha_a \alpha_b f_{ce}} \qquad (2.2)$$

式中，$\frac{W}{C}$ 为水灰比；α_a，α_b 为回归系数。当试验材料为碎石时，$\alpha_a = 0.46$，$\alpha_b = 0.07$；当试验材料为卵石时，$\alpha_a = 0.48$，$\alpha_b = 0.33$；f_{ce} 为水泥 28d 抗压强度实测值，MPa。当无实测值时，$f_{ce} = \gamma_c f_{ce,g}$，$\gamma_c$ 为水泥强度等级值的富裕系数，按实际统计资料取 1.1，$f_{ce,g}$ 为水泥强度等级值，MPa。

本试验采用 P.O42.5 水泥和碎石，水灰比计算公式为：

$$f_{ce} = r_c f_{ce,g} = 1.1 \times 42.5 = 46.75(MPa)$$

$$\frac{W}{C} = \frac{\alpha_a f_{ce}}{f_{cu,o} + \alpha_a \alpha_b f_{ce}} = \frac{0.46 \times 46.75}{53.225 + 0.46 \times 0.07 \times 46.75} = 0.39$$

4. 砂率确定

最优砂率是依据骨料紧密堆积理论，使砂填充粗骨料之间的空隙，并考虑一定水泥浆的富裕系数（一般取值为 1.05～1.35），其计算公式为：

$$S_p = \partial \frac{P\rho'_s}{P\rho'_s + \rho'_g} \tag{2.3}$$

式中，S_p 为砂率；P 为粗骨料的空隙率；ρ'_s 为砂的堆积密度；ρ'_g 为石子的堆积密度；∂ 为水泥浆的富裕系数。

其中空隙率计算：$P = \left(1 - \dfrac{\rho'_g}{\rho_g}\right) \times 100\% = \left(1 - \dfrac{1610}{2780}\right) \times 100\% = 42\%$

式中，ρ_g 为石子的表观密度。

理论砂率计算：$S'_p = \dfrac{P\rho'_s}{P\rho'_s + \rho'_g} = \dfrac{0.42 \times 1460}{0.42 \times 1460 + 1610} = 0.276$。

实际砂率计算：$S_p = \partial S'_p = 1.2 \times 0.276 = 0.33$。

5. 用水量确定

陈建奎教授基于普遍适用的混凝土体积模型，推导出最佳单位用水量计算公式：

$$W = \frac{V_e - V_a}{1 + \dfrac{C}{W\rho_c}} \tag{2.4}$$

式中，V_e 为砂浆体积；V_a 为空气体积；ρ_c 为水泥的密度。

再结合 Metha 和 Aitcin 教授的研究观点，要使高性能混凝土同时达到最佳的施工和易性及强度要求，水泥浆与骨料体积比为 35∶65，即可求解出用水量：

$$W = \frac{V_e - V_a}{1 + \dfrac{1}{\rho_c} \dfrac{1}{\dfrac{W}{C}}} = \frac{350 - 10}{1 + \dfrac{1}{3.1 \times 0.39}} = 186 (\text{kg/m}^3)$$

6. 减水剂的用量选取

通过试验室试配，当减水剂用量为水泥质量的 0.75% 时，减水率为 16%。

7. 最终单位用水量和水泥用量的确定

$$W' = W(1 - \beta\%) \tag{2.5}$$

式中，$\beta\%$ 是减水剂减水率。

$$W' = W \times (1 - \beta) = 186 \times (1 - 16\%) = 158 (\text{kg/m}^3)$$

$$C' = \frac{W}{\dfrac{W}{C}} = \frac{158}{0.39} = 405 (\text{kg/m}^3)$$

8.粗细骨料用量的确定

$$\frac{M_s}{M_s+M_g}=S_p \tag{2.6}$$

$$\frac{W}{\rho_w}+\frac{C}{\rho_c}+\frac{M_s}{\rho_s}+\frac{M_g}{\rho_g}+0.01\partial=1 \tag{2.7}$$

式中，M_s、M_g、W、C 分别为单位混凝土中砂、石子、水、水泥用量；ρ_w、ρ_c、ρ_s、ρ_g 分别为水、水泥、砂、石子的表观密度。

联立式（2.6）与式（2.7）即可求解出砂、石子用量：

$M_s=624\text{kg/m}^3$；$M_g=1266\text{kg/m}^3$。

9.橡胶集料混凝土配合比的确定

$W=158\text{kg/m}^3$，$C=405\text{kg/m}^3$，$M_s=624\text{kg/m}^3$，$M_g=1266\text{kg/m}^3$。

减水剂用量 $M_j=405\times0.75\%=3.0375(\text{kg/m}^3)$。

(三) 配合比设计结果

本试验研究的目的包括不同处理方式对混凝土性能即混凝土基本力学性能和混凝土耐久性能的影响，主要考察指标是不同橡胶颗粒掺量和粒径对各类性能的影响，其中基准组混凝土（不掺加橡胶颗粒）的设计强度为C45，掺入的废旧橡胶颗粒分别为胶粒a、胶粉b、胶粉c；掺量依次为5%、10%、15%、20%，具体的配合比如表2.7、表2.8所示。

表 2.7　不同预处理的废旧橡胶集料混凝土配合比

编号	水 /(kg/m³)	水泥 /(kg/m³)	砂 /(kg/m³)	石子 /(kg/m³)	橡胶			减水剂 /(kg/m³)
					粒径	比例/%	掺量 /(kg/m³)	
C_{-J}	158	405	624	1266		0	0	3.04
Ca_1-2	158	405	562	1266	胶粒a	10	30.70	3.04
Ca_1-3	158	405	499	1266	胶粒a	20	61.40	3.04
Cc_1-4	158	405	562	1266	胶粉c	10	21.86	3.04
Cc_1-5	158	405	499	1266	胶粉c	20	43.72	3.04
Ca_2-6	158	405	562	1266	胶粒a	10	30.70	3.04
Ca_2-7	158	405	499	1266	胶粒a	20	61.40	3.04
Cc_2-8	158	405	562	1266	胶粉c	10	21.86	3.04
Cc_2-9	158	405	499	1266	胶粉c	20	43.72	3.04
Ca_3-10	158	405	562	1266	胶粒a	10	30.70	3.04
Ca_3-11	158	405	499	1266	胶粒a	20	61.40	3.04
Cc_3-12	158	405	562	1266	胶粉c	10	21.86	3.04
Cc_3-13	158	405	499	1266	胶粉c	20	43.72	3.04

编号	水 /(kg/m³)	水泥 /(kg/m³)	砂 /(kg/m³)	石子 /(kg/m³)	橡胶			减水剂 /(kg/m³)
					粒径	比例/%	掺量 /(kg/m³)	
Ca_4-14	158	405	562	1266	胶粒 a	10	30.70	3.04
Ca_4-15	158	405	499	1266	胶粒 a	20	61.40	3.04
Cc_4-16	158	405	562	1266	胶粉 c	10	21.86	3.04
Cc_4-17	158	405	499	1266	胶粉 c	20	43.72	3.04

注：C_J 表示基准混凝土；$a_1 \sim a_4$ 分别表示不同预处理的胶粒 a；其中 1~4 分别为未处理、清水处理、NaOH 溶液处理和 CCl_4 溶液处理；$c_1 \sim c_4$ 分别表示不同预处理的胶粉 c；1~17 表示组号。

表 2.8　不同废旧橡胶掺量和粒径的橡胶集料混凝土配合比表

编号	水 /(kg/m³)	水泥 /(kg/m³)	砂 /(kg/m³)	石子 /(kg/m³)	橡胶			减水剂 /(kg/m³)
					粒径	比例/%	掺量 /(kg/m³)	
C_J	158	405	624	1266		0	0	3.04
Ca-5	158	405	593	1266		5	15.35	3.04
Ca-10	158	405	562	1266	胶粒 a	10	30.7	3.04
Ca-15	158	405	530	1266		15	46.05	3.04
Ca-20	158	405	499	1266		20	61.4	3.04
Cb-5	158	405	593	1266		5	12.04	3.04
Cb-10	158	405	562	1266	胶粉 b	10	24.08	3.04
Cb-15	158	405	530	1266		15	36.12	3.04
Cb-20	158	405	499	1266		20	48.16	3.04
Cc-5	158	405	593	1266		5	10.93	3.04
Cc-10	158	405	562	1266	胶粉 c	10	21.86	3.04
Cc-15	158	405	530	1266		15	32.79	3.04
Cc-20	158	405	499	1266		20	43.72	3.04

注：a、b、c 表示掺加的胶粒种类；5、10、15、20 表示橡胶颗粒的掺量；表中采用的橡胶颗粒均经过 NaOH 溶液改性处理。

第二节　废旧橡胶集料混凝土的工作性能

一、不同预处理方式对混凝土性能的影响

（一）研究现状

废旧橡胶集料混凝土相对于普通混凝土其具有良好的弹性、韧性、抗冲击性、

抗冻性、抗震减噪等性能，但是其强度降低。为了减少强度降低程度，很多学者提出对废旧橡胶颗粒进行预处理或改性处理，具体见表2.9。从预处理方式的经济性和适于工程实践的角度，本试验选取了具有代表性的清水、无机溶液（NaOH溶液）、有机溶液（CCl₄溶液）的预处理方式，系统研究了不同预处理的废旧橡胶颗粒在不同粒径和掺量下对橡胶集料混凝土工作性能和立方体抗压强度的影响规律，以期为废旧橡胶预处理的方式选取提供参考借鉴。

废旧橡胶集料混凝土

表 2.9   不同预处理方式的优缺点

改性试剂类别	代表性的改性试剂	改性的处理方法	改性效果提高程度	优缺点
水	水洗、超声水洗	直接用水冲洗，再自然晒干	5%～15%	价格低廉、操作方便、无副作用，但改性效果较低
无机溶液	NaOH溶液、马来酸酐	配制一定浓度的溶液浸泡橡胶颗粒，再自然晒干	10%～20%	价格适宜，改性效果较好，但溶液浓度和浸泡时间对改性效果影响较大，残留物对环境有害
有机溶液	CCl₄溶液、乙醇溶液	用胶管取溶液润湿橡胶颗粒，再放到烘箱中烘干	20%～30%	改性效果明显，但价格较高，且试剂的残留物对混凝土构件影响较大
有机乳液	KH550、Si-69偶联剂、苯丙聚合物乳液	取乳液与橡胶颗粒充分混合，再放到烘箱中烘干	30%～45%	改性效果显著，但价格昂贵，试剂的用量难以控制，残留物对混凝土构件影响较大
混合试剂	双-(3-三乙氧基烷丙基)-四硫化物偶联剂(Si-69)	试剂与橡胶颗粒拌合，加热使其相互反应	30%～60%	价格昂贵，操作复杂，试剂的残留物对混凝土构件影响较大，但改性效果显著
其他	硫黄、氧氯化镁水泥做黏结料	直接添加到橡胶集料混凝土中	20%～40%	改性效果显著，但成本较高，且引入了新的不利因素

(二) 试验基本思路和方法

试验共设计 17 组，51 个试块，均为 150mm×150mm×150mm 的标准试件，具体配合比见表2.7。其中第 1 组为基准混凝土，即未掺加橡胶颗粒；第 2～5 组为未预处理橡胶集料混凝土，即掺加的橡胶颗粒未作任何处理；第 6～9 组为清水改性的橡胶集料混凝土，即掺加的橡胶颗粒先用清水浸泡 2h，然后用水反复冲洗，自然晒干；第 10～13 组为无机溶液改性的橡胶集料混凝土，即掺加的橡胶颗粒先用 3% 的 NaOH 溶液浸泡 2h，然后用水反复冲洗，自然晒干；第 14～17 组为有机溶液改性的橡胶集料混凝土，即掺加的橡胶颗粒先用 CCl₄ 溶液润湿，静置 2h，然后用水反复冲洗，自然晒干。

混凝土试块均采用机械搅拌、机械振实，试件成型后放入标准养护箱中静置

24h 后拆模，随后移至温度为（20±5）℃，相对湿度在90％以上，采用雾化加湿的养护室中养护。养护28天后，依据《普通混凝土力学性能试验方法》（GB/T 50081—2002）测试混凝土的立方体抗压强度，试验机为长春新特试验机有限公司生产的 YAW-3000 型微机控制电液伺服压力试验机。

（三）试验现象

在混凝土拌合物制作过程中，随着粗橡胶粒掺量的增多，拌合物的流动性明显增强，而随着细橡胶粉掺量的增多，拌合物的流动性明显减弱。普通混凝土和掺粗胶粒混凝土拌合物的保水性和黏聚性均表现良好，而掺未预处理的细胶粉混凝土拌合物表现出干稠、石子外露等不良现象。

在试块加载过程中，橡胶集料混凝土出现的弹性与塑性的临界点明显比普通混凝土要高，且随着橡胶掺量的增多，其临界值越大，见图 2.4 所示。试块达到极限荷载之前，发现裂缝均从试块四周表面沿纵向发展，并逐步沿横向向中间扩展，但橡胶集料混凝土试块表面的裂缝存在明显的中断现象，且橡胶集料混凝土比普通混凝土的裂缝要短、多。在试块达到极限荷载后，普通混凝土突然破坏，有明显的坍落声，而橡胶集料混凝土无明显的破坏声，破坏时仍然保持较好的完整性，且随着橡胶掺量增多和粒径增大，其完整性越好。其破坏形态如图 2.5、图 2.6 所示。

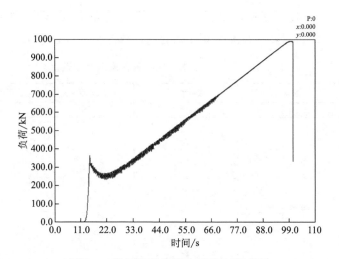

图 2.4　橡胶集料混凝土荷载-时间曲线

试验完成后，掰开破坏的试块发现：①普通混凝土试块内部密实性较好，而橡胶集料混凝土破坏面存在较多的裂缝和孔洞；②未预处理的橡胶集料混凝土试块有少量的橡胶颗粒散落在混凝土内部，其破坏面上只有少许橡胶颗粒存在撕裂现象；③经不同预处理的橡胶集料混凝土试块中，橡胶颗粒与水泥浆黏结较紧密，其破坏

图2.5　普通混凝土破坏形态

图2.6　橡胶集料混凝土破坏形态

面存在明显的橡胶撕裂现象，在CCl_4溶液预处理的橡胶集料混凝土中尤为明显；④掺粗橡胶粒混凝土的破坏面凹凸不平，且存在较多小块，而掺细橡胶粉混凝土的破坏面比较平整，面积较大。

（四）试验结果

1. 工作性能

各组混凝土的坍落度的测试结果如表2.10所示。基准混凝土的坍落度为30mm，掺10%、20%未处理的胶粒a的拌合物的坍落度分别提高了10%、26.67%，而掺10%、20%胶粉c的拌合物的坍落度分别降低了10%、16.67%。

表2.10　不同预处理的橡胶集料混凝土坍落度

编号	改性方式	橡胶粒径	橡胶掺量/%	坍落度/mm
C_J			0	30
Ca_1-2	未预处理	胶粒a	10	33
Ca_1-3			20	38
Cc_1-4		胶粉c	10	27
Cc_1-5			20	25
Ca_2-6	清水处理	胶粒a	10	36
Ca_2-7			20	39
Cc_2-8		胶粉c	10	30
Cc_2-9			20	29
Ca_3-10	NaOH溶液处理	胶粒a	10	46
Ca_3-11			20	53
Cc_3-12		胶粉c	10	41
Cc_3-13			20	23
Ca_4-14	CCl_4溶液处理	胶粒a	10	30
Ca_4-15			20	37
Cc_4-16		胶粉c	10	45
Cc_4-17			20	34

各组经不同预处理方式得到的混凝土拌合物坍落度对比情况如图 2.7 所示。结果表明：①随着胶粒 a 掺量的增多，混凝土拌合物的坍落度明显增大，而随着胶粒 c 掺量的增多，混凝土拌合物的坍落度逐渐减小；②经预处理的橡胶集料混凝土工作性能绝大部分比未处理的要好，且掺胶粒 a 时，NaOH 溶液的改性效果最好，清水的改性效果略强于未处理情况，而 CCl₄ 溶液改性后工作性能有所下降，掺胶粉 c 时，改性后的工作性能均好于未处理的情况，改性效果由高到低依次为 CCl₄ 溶液、NaOH 溶液、清水；③橡胶集料混凝土的工作性能随着胶粒 a 掺量的增多，改性效果越好，而随着胶粉 c 掺量的增多，改性效果减弱。

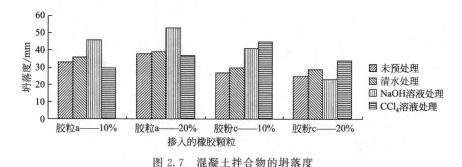

图 2.7　混凝土拌合物的坍落度

2. 立方体抗压强度

各组试件的抗压强度试验结果如表 2.11 所示。基准混凝土 28d 强度为 51.55MPa，掺 10%、20% 未预处理的胶粒 a 的混凝土强度分别减少了 20.83%、30.42%，而掺 10%、20% 未处理的胶粉 c 的混凝土强度分别减少了 24.89%、45.10%。各组强度对比情况如图 2.8 所示。结果表明：①经预处理的橡胶集料混凝土相对于未处理的橡胶集料混凝土的强度均存在不同程度的提高，CCl₄ 溶液改性效果最好，NaOH 溶液和清水的改性效果相当；②掺橡胶的混凝土的强度随着橡胶掺量的增多，改性效果减弱；③在相同预处理方式和相同橡胶掺量的情况下，对粗橡胶粒的改性效果要优于细橡胶粉；④经 NaOH 溶液改性处理的细橡胶粉混凝土，当橡胶掺量为 20% 时，强度下降较未预处理的有所降低。

表 2.11　不同预处理方式的橡胶集料混凝土立方体抗压强度

编号	改性方式	橡胶粒径	橡胶掺量/%	强度/MPa	相对/%
C₋J			0	51.55	100
Ca₁-2	未预处理	胶粒 a	10	40.81	79.17
Ca₁-3			20	35.87	69.58
Cc₁-4		胶粉 c	10	38.72	75.11
Cc₁-5			20	28.30	54.90

编号	改性方式	橡胶粒径	橡胶掺量/%	强度/MPa	相对/%
Ca$_2$-6	清水处理	胶粒 a	10	42.12	81.71
Ca$_2$-7			20	37.47	72.69
Cc$_2$-8		胶粉 c	10	41.54	80.58
Cc$_2$-9			20	29.08	56.41
Ca$_3$-10	NaOH 溶液处理	胶粒 a	10	42.28	82.02
Ca$_3$-11			.20	39.70	77.01
Cc$_3$-12		胶粉 c	10	39.17	75.98
Cc$_3$-13			20	26.96	52.30
Ca$_4$-14	CCl$_4$ 溶液处理	胶粒 a	10	43.58	84.54
Ca$_4$-15			20	38.81	75.29
Cc$_4$-16		胶粉 c	10	43.28	83.96
Cc$_4$-17			20	34.27	66.48

废旧橡胶集料混凝土

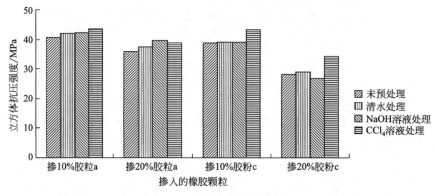

图 2.8　混凝土抗压强度

（五）机理分析

结合试验现象和试验结果，分析认为由于橡胶颗粒的掺入，改变了集料与水泥砂浆的界面形态，因橡胶本身的特性，使水泥砂浆-橡胶集料形成更为薄弱的界面，即所谓的"弱界面"。弱界面形成的主要原因有：①橡胶的主要成分是交联聚合物（天然橡胶 NR、顺丁橡胶 BR、氯丁橡胶 CR、丁苯橡胶 SBR、丁腈橡胶 NBR 等的混合物），是一种高分子有机物，而水泥砂浆是一种无机材料，两者在物理形态和化学结构上存在显著的差异，只能产生物理作用而不发生化学反应，导致两者缺乏"亲和力"，彼此独立，难以形成整体粒团；②水泥砂浆与橡胶集料在材料性质方面存在很大差异，由于橡胶是一种软弹性体，在受力时，容易产生体积收缩，形成"孔洞"，导致结构内部存在较大的空隙；③橡胶是一种高分子憎水性材料，其表面容易吸附气泡，故橡胶颗粒掺量越多，混凝土的含气量就越大，特别是当橡胶颗粒粒径比较小的时候，其表面积相对比较大，吸附的气体就相对比较多，导致空隙率比较大，黏结性弱。

通过对废旧橡胶颗粒表面进行预处理，可有效促进橡胶颗粒表面与水泥砂浆发生物理或化学作用。如用水冲洗将橡胶颗粒表面的杂质除掉，增加了橡胶颗粒与砂浆的接触；用 NaOH 溶液对橡胶粉进行浸泡处理，使橡胶表面的有害物质硬脂酸锌溶解；用四氯化碳等有机溶剂对橡胶进行预处理，增强了橡胶与水泥胶体的相容性。故此，经预处理，增强了橡胶颗粒与水泥砂浆的黏结，从而导致强度下降程度减弱。

二、混凝土的坍落度

（一）试验方法

新拌混凝土的和易性，也称工作性，至少包括黏聚性、保水性、流动性三项指标。只有当混凝土拌合物同时满足良好的黏聚性、保水性、流动性要求，才能够保证浇筑后的混凝土能够达到施工和强度要求。在本试验过程中，通过坍落度法和观察记录法，严格按照《普通混凝土拌合物性能试验方法标准》（GB/T 50080—2002）综合评价新拌橡胶集料混凝土的工作性能情况。

按配合比计算称量各材料用量，依次向搅拌机中放入石子、砂、水泥、橡胶颗粒（经 NaOH 处理），干拌 60s，徐徐加入拌有减水剂的水，在 30s 左右完成，然后一起拌合 120s，倒出拌合物进行坍落度试验。将坍落度筒内外清洗干净后，放在经水润湿的刚性平板上，用脚踩紧脚板，再用小铲将橡胶集料混凝土拌合物平均分 3 层均匀地装入筒内，在其每层横截面上从边缘向中心均匀插捣 25 次。捣实后，刮平筒口多余的混凝土拌合物，同时清除筒脚处散落的拌合物，最后在 5～10s 内垂直平稳提起坍落度筒，量取混凝土试样顶面与坍落度筒顶面的垂直距离，即为坍落度。在此过程中，同时观测混凝土拌合物各组成成分的相互黏聚性情况和水分从拌合物中的析出情况。

（二）试验现象及结果

在拌合物试验过程中，普通混凝土拌合物的黏聚性、保水性、流动性均表现良好，拌合物表面平整，其锥体经轻轻敲击后逐渐下沉；而对于橡胶集料混凝土拌合物，整体上掺粗橡胶粒的混凝土拌合物黏聚性和保水性要优于掺细橡胶粉；在 20% 掺量内，掺粗橡胶粒混凝土拌合物工作性能均表现良好，而当橡胶粉掺量大于 10% 时，混凝土拌合物表现出干稠，插捣困难，拌合物表面存在蜂窝、石子外露等现象。拌合物外貌分别如图 2.9～图 2.11 所示。在不同橡胶粒径和掺量下，各组混凝土的坍落度的测试结果如表 2.12 所示。

图 2.9 C-J 拌合物

图 2.10 Ca-5 拌合物

图 2.11 Cc-20 拌合物

表 2.12 废旧橡胶集料混凝土配合比及坍落度

编号	水 /(kg/m³)	水泥 /(kg/m³)	砂 /(kg/m³)	石子 /(kg/m³)	橡胶			减水剂 /(kg/m³)	坍落度 /mm
					粒径	比例/%	掺量 /(kg/m³)		
C-J	158	405	624	1266		0	0	3.04	33
Ca-5	158	405	593	1266	胶粒 a	5	15.35	3.04	42
Ca-10	158	405	562	1266		10	30.70	3.04	46
Ca-15	158	405	530	1266		15	46.05	3.04	50
Ca-20	158	405	499	1266		20	61.40	3.04	53
Cb-5	158	405	593	1266	胶粉 b	5	12.04	3.04	54
Cb-10	158	405	562	1266		10	24.08	3.04	48
Cb-15	158	405	530	1266		15	36.12	3.04	45
Cb-20	158	405	499	1266		20	48.16	3.04	27
Cc-5	158	405	593	1266	胶粉 c	5	10.93	3.04	46
Cc-10	158	405	562	1266		10	21.86	3.04	41
Cc-15	158	405	530	1266		15	32.79	3.04	26
Cc-20	158	405	499	1266		20	43.72	3.04	23

依据以上统计结果，分别作出了橡胶掺量-坍落度、橡胶粒径-坍落度的对比曲线，如图 2.12 和图 2.13 所示。

从表 2.12 可以看出，基准混凝土拌合物坍落度为 33mm，掺 5% 的橡胶粒 a 混凝土拌合物较基准混凝土的坍落度提高了 27.3%，随着橡胶掺量增大，其坍落度逐渐增大；而掺 5% 的橡胶粉 b 提高了 63.6%，但随着橡胶掺量增大，其坍落度却逐渐减小，当掺量为 20% 时，坍落度反而降低了 18.2%；掺 5% 的橡胶粉 c 提高了 39.4%，随着橡胶掺量增大，坍落度也逐渐减小，当掺量为 20% 时，坍落度已降低了 30.3%。其具体的变化趋势和对比曲线如图 2.12 与图 2.13 所示。

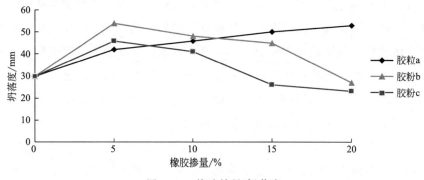

图 2.12　橡胶掺量-坍落度

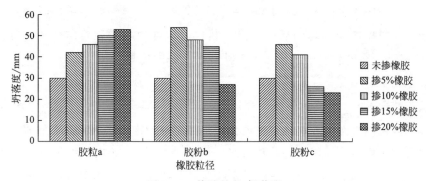

图 2.13　橡胶粒径-坍落度

（三）试验结论

（1）随着粗橡胶粒掺量的增多，混凝土拌合物的坍落度逐渐增大，而随着细橡胶粉掺量的增多，混凝土拌合物的坍落度先增加后减小；

（2）当橡胶掺量小于 10％时，掺细橡胶粉的混凝土拌合物流动性优于掺粗橡胶粒的，而橡胶掺量大于 10％时，掺粗橡胶粒的混凝土拌合物的流动性优于掺细橡胶粉的；

（3）当橡胶掺量在 20％以内时，随着粗橡胶粒掺量的增加，混凝土拌合物的流动性均匀增加，而细橡胶粉出现急速变化的拐点，橡胶粉 b 在 15％掺量后开始急速下降，而橡胶粉 c 在 10％掺量后就开始急速下降。

三、混凝土的含气量

（一）试验方法

橡胶是一种憎水性的有机材料且表面粗糙，将橡胶制成橡胶粒或橡胶粉掺入混凝土中不仅改变了混凝土的成分组成，也会改变混凝土的微观结构和性能。相关试验研究结果表明：橡胶的掺入会增大混凝土的含气量，而含气量的大小直接影响到混凝土拌合物的和易性、混凝土的力学性能以及耐久性能，众多学者从橡胶本身是弹性体出发解释了橡胶对混凝土力学性能以及耐久性能的影响，却忽略了橡胶的引气作用，因此得出的结论还不够全面。本节通过试验研究了不同橡胶粒径和不同橡胶掺量对混凝土的含气量的影响，以期为进一步研究提供参考借鉴。

本试验严格按照《普通混凝土拌合物性能试验方法标准》（GB/T 50080—2002）对混凝土的坍落度和含气量进行测量。

1. 混凝土砂浆的拌制

配制少量混凝土砂浆，其配合比与基准组相同，对搅拌机进行涮膛，然后刮出多余的砂浆正式进行试验；根据配合比准确量取各材料，按照粗集料、细集料、水泥和橡胶的顺序依次投入，干拌 60s 左右至均匀后停止，将量取好的减水剂和水混合用干净的搅拌棒拌制均匀后打开搅拌机，边搅拌边均匀地将水倒入，拌制 2～3min 后停止，倒出混凝土砂浆，人工拌制 1～2min 完毕。

2. 含气量的测量

试验使用 CA-3 直读式混凝土含气量测定仪。混凝土含气量的测定方法为：擦净钵体与钵盖内表面，并使其水平放置，将拌制好的橡胶集料混凝土砂浆分三层均匀地装入，每层装入后用振捣棒从边缘向中心均匀振捣 25 次，振捣上层时振捣棒应插入下层 10～20mm；刮去表面多余的混凝土拌合物，用镘刀抹平，使其表面光滑无气泡；擦净钵体与钵盖边缘，盖上盖体，用夹子夹紧，使之气密性良好；打开小龙头和排气阀，用注水器从龙头处往量钵中注水，直至水从排气阀口流出，关紧小龙头和排气阀；用打气筒打气加压，使表压稍大于 0.2MPa，用微调阀准确地将表压压到 0.2MPa；按下阀门杆 1～2 次，待表压指针稳定后，测得压力表读数，并直接读取含气量值。试验设备如图 2.14～图 2.16 所示。

图 2.14　含气量测定仪　　　图 2.15　含气量测定仪读数表盘　　　图 2.16　含气量测定仪上钵盖

（二）试验结果及分析

在不同掺量和粒径下，各组含气量试验结果见表 2.13，囚 20％掺量情况下混

废旧橡胶集料混凝土

凝土的拌合质量较差，因此，仅对掺量为 5％、10％、15％的进行了含气量测定。根据试验数据统计结果，分别做出含气量-橡胶掺量、含气量-橡胶粒径的曲线分析图，见图 2.17 和图 2.18。

表 2.13 含气量测量值

编号	C_J	a			b			c		
		Ca-5	Ca-10	Ca-15	Cb-5	Cb-10	Cb-15	Cc-5	Cc-10	Cc-15
含气量/%	1.6	1.6	1.7	1.9	1.8	2.0	2.3	2.2	2.4	2.7

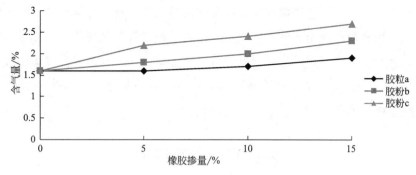

图 2.17 含气量-橡胶掺量关系

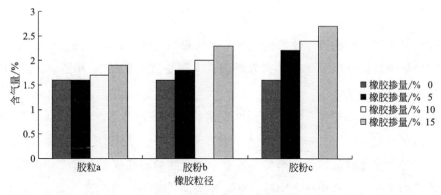

图 2.18 含气量-橡胶粒径关系

由图 2.17 和图 2.18 可以看出，基准混凝土的含气量为 1.6％，胶粒 a、胶粉 b 和胶粉 c 在掺量为 5％时，含气量分别增加了 0％、12.5％、37.5％；掺量为 10％时，含气量分别增加了 6.25％、25％、50％；掺量为 15％时，含气量分别增加了 18.75％、43.75％、68.75％。试验结果表明：掺加橡胶粒后，混凝土拌合物的含气量有所增加。在掺量为 5％～10％的情况下，胶粒 a 的含气量变化并不明显，而胶粉 b 和胶粉 c 的含气量增加幅度则比较大，粒径最小的 c 组引气效果最佳。橡胶

第二章 废旧橡胶集料混凝土的配合比设计及工作性能

集料混凝土的含气量随着橡胶掺量的增加而变大，并且橡胶粒径越小，其比表面积越大，引气效果越强，混凝土的含气量也越大。

橡胶是一种憎水性的有机材料，表面粗糙，将橡胶制成橡胶粒或橡胶粉拌入混凝土中，表面极易吸附气泡，由于固、液、气三相界面之间的张力作用，水无法包裹气体使气体获得足够浮力逸出表面，因此在不添加引气剂的情况下，橡胶集料混凝土的含气量要高于普通混凝土。

Segre N. 和 Joekes I. 分别将 NaOH 处理和未处理的橡胶掺入混凝土中，把试件切片泡水，处理过的试件橡胶与水泥浆的黏结能力明显提高。通过对橡胶粒表面进行改性处理，可有效促进橡胶粒表面与水泥砂浆进行物理化学反应，除掉橡胶表面的杂质，增强橡胶与水泥砂浆之间的黏结性，减少气泡存在的可能。通过将本试验研究数据与王涛等对橡胶集料混凝土含气量的试验研究数据进行对比，可以证明经过 NaOH 处理后，其含气量有所降低，改性处理可以减小橡胶集料混凝土含气量过大带来的负面影响。

第三节　本章结论

（1）对废旧橡胶颗粒进行预处理可以有效改善混凝土的工作性能和提高立方体抗压强度；

（2）掺粗橡胶粒的改性效果优于掺细橡胶粉的改性效果，且随着粗橡胶粒掺量增多或细橡胶粉掺量减少，改性效果增强；当细橡胶粉掺量为 20％时，NaOH 溶液改性效果并不明显；

（3）从改性效果的提高程度和预处理试剂的经济性考虑，选用 NaOH 溶液预处理橡胶颗粒较好；

（4）随着粗橡胶粒掺量的增多，混凝土拌合物的坍落度逐渐增大，而随着细橡胶粉掺量的增多，混凝土拌合物的坍落度先增加后减小；当橡胶掺量小于 10％时，掺细橡胶粉的混凝土拌合物流动性优于掺粗橡胶粒的，而橡胶掺量大于 10％时，掺粗橡胶粒的混凝土拌合物的流动性优于掺细橡胶粉的；

（5）橡胶颗粒的掺入具有一定的引气作用，且随着橡胶掺量的增大，粒径的减小，橡胶集料混凝土的含气量增大。

废旧橡胶集料混凝土

第三章　废旧橡胶集料混凝土的力学性能

第一节　废旧橡胶集料混凝土的立方体抗压强度

一、概述

抗压强度是混凝土材料研究中最基本的力学性能指标之一，也是结构设计最重要的设计指标之一，它不仅反映了混凝土材料的强度等级，也影响着混凝土劈裂抗拉、抗折、弹性模量、应力应变等性能指标。本节将详细描述废旧橡胶集料混凝土的标准试件在不同橡胶粒径和掺量下的 28d 和 56d 立方体抗压强度试验过程和结果。

二、试验方法及步骤

(一) 试验方法

试验共设计 13 组，78 个立方体试块，均为 150mm×150mm×150mm 的标准试件，配合比具体见表 2.8。

混凝土试块均采用机械搅拌、机械振实，试件成型后放入标准养护箱中静置 24h 后拆模，随后移至温度为（20±5）℃，相对湿度在 90％以上，采用雾化加湿的养护室中养护。28d 和 56d 后，依据《普通混凝土力学性能试验方法》（GB/T 50081—2002）测试各组混凝土试块的立方体抗压强度。其中试验机为长春新特试验机有限公司生产的 YAW-3000 型微机控制电液伺服压力试验机，如图 3.1 所示。

图 3.1 立方体抗压试验机

（二）试验步骤

废旧橡胶集料混凝土立方体抗压强度测试的试验步骤为：

（1）达到试验规定龄期后，从养护室中取出试件，检查外观与形状，画中心线并量取记录试件受压面尺寸；

（2）用抹布将试件表面和承压面擦干净，并将试件安放在承压面的中心位置上，且使试件的承压面与成型时的顶面垂直；

（3）当试件中心与试验机中心对准后，开动试验机，在上压板距试件承压面约10～20mm时，点动去调整球座，使其接触均衡；

（4）设置试验参数，选取试验标准为《普通混凝土力学性能试验方法》(GB/T 50081—2002)，数据清零后，所有试件均采用 0.5MPa/s 的加载速度自动加载，直到试件破坏，记录其破坏荷载。

三、试验现象及结果

（一）试验现象

在立方体抗压试验过程中，随着荷载不断增大，混凝土的变形逐步扩展；在临近极限荷载前，普通混凝土裂纹扩展迅速，破坏时发出明显的破裂声；橡胶集料混凝土在临近极限荷载前，呈现明显的裂纹扩展现象，裂纹从试块四周表面边缘沿纵向发展，并且沿横向向试块表面中央扩展，由表及里，逐步出现表面剥落现象，最后呈现坍落破坏形态；橡胶集料混凝土较普通混凝土，裂纹明显要多，且存在较多的裂纹中断现象，在橡胶掺量越多时，这种现象越明显；当橡胶粒径越大，掺量越多，在达到极限荷载后，混凝土试块保持完整性越好。其破坏形态分别如图 3.2～图 3.4 所示。

图 3.2 C_J 破坏形态

图 3.3 Ca-5 破坏形态

图 3.4 Ca-20 破坏形态

（二）试验结果

废旧橡胶集料混凝土立方体抗压强度均用下式计算：

$$f_{cc} = \frac{F}{A} \tag{3.1}$$

式中，f_{cc} 为混凝土立方体抗压强度，MPa；F 为试件的破坏荷载，N；A 为试件的承压面面积，mm^2。

试验结果依据《普通混凝土力学性能试验方法》（GB/T 50081—2002）规定的试验数据处理方法进行计算，最后各组试件的试验计算结果如表 3.1 所示。

表 3.1　废旧橡胶集料混凝土立方体抗压强度

编号	橡胶			28d		56d	
	粒径	比例/%	掺量/(kg/m³)	强度/MPa	相对/%	强度/MPa	相对/%
C-J	—	0	0	51.55	100.00	54.31	100.00
Ca-5	胶粒 a	5	15.35	43.14	83.69	45.24	83.30
Ca-10		10	30.70	42.28	82.02	44.13	81.26
Ca-15		15	46.05	40.16	77.90	42.32	77.92
Ca-20		20	61.40	39.70	77.01	41.02	75.53
Cb-5	胶粉 b	5	12.04	42.97	83.36	43.97	80.96
Cb-10		10	24.08	40.35	78.27	41.14	75.75
Cb-15		15	36.12	36.10	70.03	38.44	70.78
Cb-20		20	48.16	28.65	55.58	33.12	60.98
Cc-5	胶粉 c	5	10.93	42.53	82.50	45.69	84.13
Cc-10		10	21.86	39.17	75.98	45.82	84.37
Cc-15		15	32.79	32.78	63.59	39.32	72.40
Cc-20		20	43.72	26.96	52.30	32.10	59.11

依据上述统计结果，分别作出橡胶掺量-28d 立方体抗压强度、橡胶掺量-56d 立方体抗压强度、龄期-掺胶粒 a 立方体抗压强度、龄期-掺胶粉 b 立方体抗压强度、龄期-掺胶粉 c 立方体抗压强度的曲线图，见图 3.5～图 3.9。

由以上图表可以看出，基准混凝土 28d 和 56d 立方体抗压强度分别为 51.55MPa、54.31MPa，相对于基准混凝土，掺 5%～20% 的胶粒 a 混凝土 28d 和 56d 抗压强度分别降低了 16.31%～22.99%、16.7%～24.47%；掺 5%～20% 的胶粉 b 混凝土 28d 和 56d 抗压强度分别降低了 16.64%～44.42%、19.04%～39.02%；掺 5%～20% 的胶粉 c 混凝土 28d 和 56d 抗压强度分别降低了 17.5%～47.7%、15.87%～40.89%。

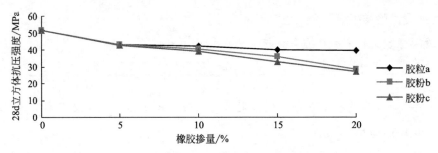

图 3.5 橡胶掺量-28d 立方体抗压强度

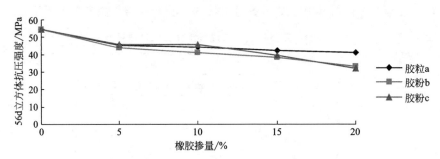

图 3.6 橡胶掺量-56d 立方体抗压强度

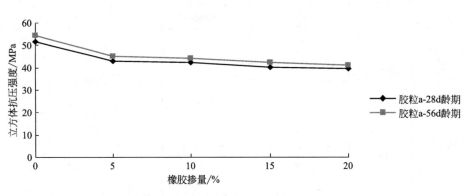

图 3.7 龄期-掺胶粒 a 立方体抗压强度

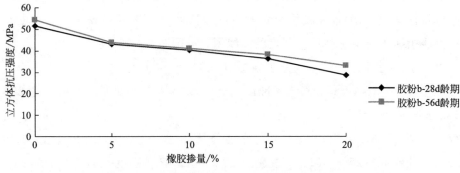

图 3.8 龄期 掺胶粉 b 立方体抗压强度

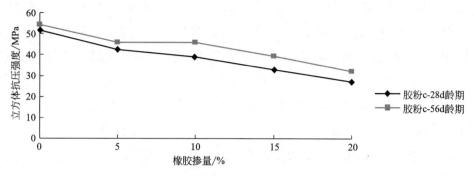

图 3.9　龄期-掺胶粉 c 立方体抗压强度

四、试验结论

（1）随着橡胶掺量的增多，混凝土立方体抗压强度在逐渐减少，且当橡胶粉掺量大于 10％后，强度下降更明显；

（2）当橡胶掺量在 20％范围内时，橡胶粒径越大，混凝土立方体抗压强度下降程度越小；

（3）随着龄期增长，各组橡胶集料混凝土立方体抗压强度呈现不同程度的增长，且橡胶掺量越多，增长幅度更大；

（4）橡胶集料混凝土相对于普通混凝土，其变形能力和抗开裂能力较好，且在破坏时保持完整性较好。

第二节　废旧橡胶集料混凝土的劈裂抗拉强度

一、概述

抗拉强度是混凝土材料研究中基本的力学性能指标之一，是结构设计最重要的设计指标，它不仅影响混凝土构件的正常使用极限状态，有时也影响构件承载能力极限状态，是混凝土材料破坏和强度理论的重要依据。本节将详细描述废旧橡胶集料混凝土的标准试件在不同橡胶粒径和掺量下的 28d 和 56d 劈裂抗拉强度的试验过程和试验结果。

二、试验方法及步骤

（一）试验方法

试验共设计 12 组（Cc-20 组因试件质量较差，故未进行劈裂抗拉试验），72 个立方体试块，均为 150mm×150mm×150mm 的标准试件，配合比具体见表 2.8。

混凝土试块均采用机械搅拌、机械振实，试件成型后放入标准养护箱中静置 24 小时后拆模，随后移至温度为（20±5）℃，相对湿度在 90% 以上，采用雾化加湿的养护室中养护。28d 和 56d 后，依据《普通混凝土力学性能试验方法》(GB/T 50081—2002) 测试各组混凝土试块的劈裂抗拉强度。试验机为长春新特试验机有限公司生产的 YAW-3000 型微机控制电液伺服压力试验机，试验采用半径为 75mm 的弧形垫块，其截面尺寸如图 3.10 所示，采用长度为 155mm、宽度为 20mm、厚度为 4mm 的三层胶合板垫条（垫条不重复使用）。

(二) 试验步骤

(1) 达到试验规定龄期后，从养护室中取出试件，检查外观与形状，画中心线并量取记录试件受压面尺寸；

(2) 用抹布将试件表面和承压面擦干净，并将试件安放在承压面的中心位置上，使试件的承压面与成型时的顶面垂直；同时在上下压板与试件之间各垫一个弧形垫块和一个垫条，对准各中心线，如图 3.11 所示；

(3) 设置试验参数，选取试验标准为《普通混凝土力学性能试验方法》(GB/T 50081—2002)，所有试件均采用 0.05MPa/s（即立方体抗压强度加载速率的 1/10）的加载速度自动加载，直到试件破坏，记录其破坏荷载。

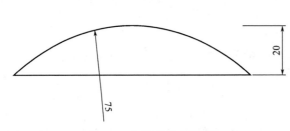

图 3.10　弧形垫块横截面

图 3.11　劈裂抗拉试验

三、试验现象及结果

(一) 试验现象

在劈裂抗拉试验过程中，当临近极限破坏荷载前，裂纹从试件两端的中间部位迅速沿纵向扩展，试块劈开两半，发出强烈的破裂声；普通混凝土比橡胶集料混凝土的断裂面要平整，且断开线较竖直；橡胶集料混凝土断裂面上存在明显的橡胶撕裂现象，且在掺 20% 的粗橡胶粒混凝土中表现更为明显。其破坏形态分别如图 3.12、图 3.13 所示。

图 3.12　C-J 破坏形态

图 3.13　Ca-20 破坏形态

（二）试验结果

废旧橡胶集料混凝土劈裂抗拉强度均用式（3.2）计算：

$$f_{ts} = \frac{2F}{\pi A} = 0.637 \frac{F}{A} \tag{3.2}$$

式中，f_{ts} 为劈裂抗拉强度，MPa；F 为试件的破坏荷载，N；A 为试件的劈裂面面积，mm^2。

试验结果依据《普通混凝土力学性能试验方法》（GB/T 50081—2002）规定的试验数据处理方法进行计算，最后各组试件的试验结果如表 3.2 所示。

表 3.2　废旧橡胶集料混凝土的劈裂抗拉强度

编号	橡胶			28d		56d	
	粒径	比例/%	掺量/(kg/m³)	劈裂抗拉强度/MPa	相对/%	劈裂抗拉强度/MPa	相对/%
C-J		0	0	3.75	100.00	3.93	100.00
Ca-5	胶粒 a	5	15.35	3.35	89.33	3.51	89.31
Ca-10		10	30.70	3.17	84.53	3.42	87.02
Ca-15		15	46.05	3.11	82.93	3.26	82.95
Ca-20		20	61.40	3.03	80.80	3.18	80.92
Cb-5	胶粉 b	5	12.04	3.25	86.67	3.41	86.77
Cb-10		10	24.08	2.90	77.33	3.18	80.92
Cb-15		15	36.12	2.76	73.60	3.03	77.10
Cb-20		20	48.16	2.56	68.27	2.90	73.79
Cc-5	胶粉 c	5	10.93	3.17	84.53	3.35	85.24
Cc-10		10	21.86	3.06	81.60	3.26	82.95
Cc-15		15	32.79	2.73	72.80	2.96	75.32

依据上述统计结果，分别作出橡胶掺量-28d 劈裂抗拉强度、橡胶掺量-56d 劈裂抗拉强度、龄期-掺胶粒 a 劈裂抗拉强度、龄期-掺胶粉 b 劈裂抗拉强度、龄期-掺胶粉 c 劈裂抗拉强度的曲线图，如图 3.14～图 3.18 所示。

第三章　废旧橡胶集料混凝土的力学性能

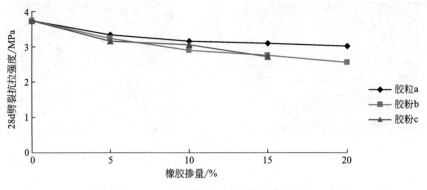

图 3.14　橡胶掺量-28d 劈裂抗拉强度

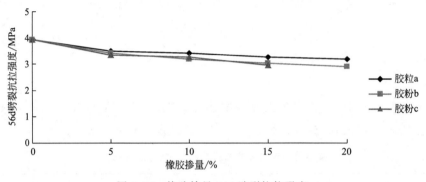

图 3.15　橡胶掺量-56d 劈裂抗拉强度

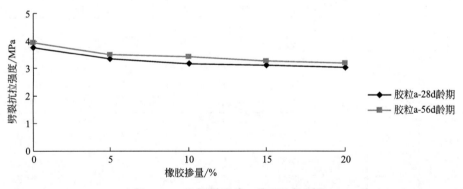

图 3.16　龄期-掺胶粒 a 劈裂抗拉强度

从表 3.2 可以看出，基准混凝土 28d 和 56d 劈裂抗拉强度分别为 3.75MPa、3.93MPa，相对于基准混凝土，掺 5%～20%的胶粒 a 混凝土 28d 和 56d 抗拉强度分别降低了 10.67%～19.20%、10.69%～19.08%；掺 5%～20%的胶粉 b 混凝土 28d 和 56d 抗拉强度分别降低了 13.33%～31.73%、13.23%～26.21%；掺 5%～15%的胶粉 c 混凝土 28d 和 56d 抗拉强度分别降低了 15.47%～27.20%、14.76%～

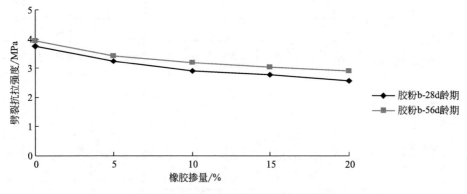

图 3.17　龄期-掺胶粉 b 劈裂抗拉强度

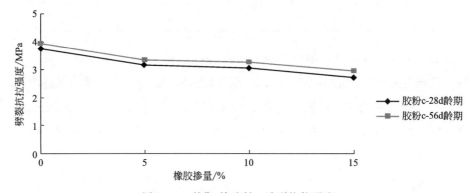

图 3.18　龄期-掺胶粉 c 劈裂抗拉强度

24.68％。其具体的变化趋势和对比曲线如图 3.14～图 3.18 所示。

拉压比即橡胶集料混凝土劈裂抗拉强度相对于其立方体抗压强度的比值，它是衡量混凝土材料脆性性能的一个指标，其计算结果如表 3.3 所示。

表 3.3　废旧橡胶集料混凝土的拉压比

编号	橡胶			28d			56d		
	粒径	比例/％	掺量/(kg/m³)	立方体抗压强度/MPa	劈裂抗拉强度/MPa	拉压比	立方体抗压强度/MPa	劈裂抗拉强度/MPa	拉压比
C_J		0	0	51.55	3.75	0.073	54.31	3.93	0.072
Ca-5		5	15.35	43.14	3.35	0.078	45.24	3.51	0.078
Ca-10	胶粒 a	10	30.7	42.28	3.17	0.075	44.13	3.42	0.077
Ca-15		15	46.05	40.16	3.11	0.077	42.32	3.26	0.077
Ca-20		20	61.4	39.70	3.03	0.076	41.02	3.18	0.078

编号	橡胶			28d			56d		
	粒径	比例/%	掺量/(kg/m³)	立方体抗压强度/MPa	劈裂抗拉强度/MPa	拉压比	立方体抗压强度/MPa	劈裂抗拉强度/MPa	拉压比
Cb-5		5	12.04	42.97	3.25	0.076	43.97	3.41	0.078
Cb-10	胶粉 b	10	24.08	40.35	2.90	0.072	41.14	3.18	0.077
Cb-15		15	36.12	36.10	2.76	0.076	38.44	3.03	0.079
Cb-20		20	48.16	28.65	2.56	0.089	33.12	2.90	0.088
Cc-5		5	10.93	42.53	3.17	0.075	45.69	3.35	0.073
Cc-10	胶粉 c	10	21.86	39.17	3.06	0.078	45.82	3.26	0.071
Cc-15		15	32.79	32.78	2.73	0.083	39.32	2.96	0.075

从表 3.3 可以看出，基准混凝土 28d 和 56d 拉压比分别为 0.073、0.072，掺胶粒 a 混凝土的拉压比在 0.075～0.078 之间波动，掺胶粉 b 混凝土的拉压比在 0.072～0.089 之间波动，掺胶粉 c 混凝土的拉压比在 0.071～0.083 之间波动。依据以上统计计算结果，可以作出橡胶掺量-28d 拉压比、橡胶掺量-56d 拉压比的对比曲线，如图 3.19、图 3.20 所示。

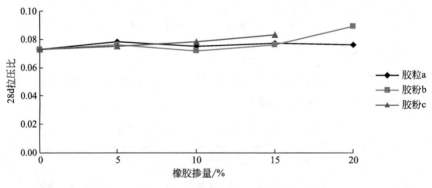

图 3.19　橡胶掺量-28d 拉压比

四、试验结论

（1）随着橡胶掺量的增多，橡胶集料混凝土的劈裂抗拉强度在逐渐减少，且橡胶掺量越多，其下降程度越明显。

（2）当橡胶掺量相同时，橡胶粒径越大，混凝土劈裂抗拉强度下降程度越小。

（3）随着龄期增长，各组橡胶集料混凝土劈裂抗拉强度呈现不同程度的增长，且橡胶掺量越多，橡胶粒径越小，劈裂抗拉强度增长幅度越大。

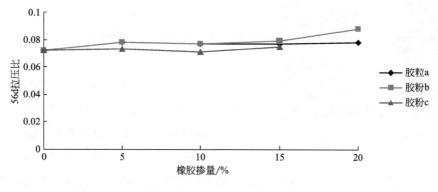

图 3.20　橡胶掺量-56d 拉压比

（4）橡胶集料混凝土的拉压比基本上呈线性变化规律，即橡胶粒径、橡胶掺量、龄期对橡胶集料混凝土的拉压比无明显影响。

第三节　废旧橡胶集料混凝土的轴心抗压强度

一、概述

为了消除立方体试件两端与试验机接触面的相互摩擦作用，测试出混凝土理想的单轴受压性能，常采用棱柱体或圆柱体试件。已有试验结果表明，混凝土的棱柱体抗压强度随着试件高厚比的增大而单调减小，但当高厚比大于或等于 3 时，强度值已稳定，故常采用高厚比为 2 的棱柱体进行抗压试验。本节将详细描述探究废旧橡胶集料混凝土的标准试件在不同橡胶粒径和掺量下的轴心抗压强度的试验过程和试验结果。

二、试验方法及步骤

（一）试验方法

试验共设计 12 组（Cc-20 组因试件质量较差，故未进行轴心抗压试验），36 个棱柱体试块，均为 150mm×150mm×300mm 的标准试件，配合比具体见表 2.8。均采用机械搅拌、机械振实。试件成型后放入标准养护箱中静置 24h 后拆模，随后移至温度为（20±5）℃，相对湿度在 90% 以上，采用雾化加湿的养护室中养护。28d 后，依据《普通混凝土力学性能试验方法》（GB/T 50081—2002）测试各组混凝土试块的轴心抗压强度，试验机为长春新特试验机有限公司生产的 YAW-5000 型微机控制电液伺服压力试验机，如图 3.21 所示。

图 3.21　轴心抗压试验

（二）试验步骤

（1）28d 后，从养护室中取出试件，检查外观与形状，画中心线并量取记录试件受压面尺寸；

（2）用抹布将试件表面和承压面擦干净，并将试件直立安放在承压面的中心位置上，中心对准后，开动试验机，当上压板距试件承压面约 10～20mm 时，手动调整球座，使其接触均衡；

（3）设置试验参数，选取试验标准为《普通混凝土力学性能试验方法》(GB/T 50081—2002)，数据清零，所有试件均采用 0.5MPa/s（同立方体抗压试验的加载速度）的加载速度自动加载，直到试件破坏，记录其破坏荷载。

三、试验现象及结果

（一）试验现象

在轴心抗压试验过程中，随着荷载增大，混凝土试块变形逐渐增大。当临近极限荷载时，裂纹首先在试块表面中央位置出现，迅速呈正倒相连的八字形向试件的角部扩展，由表及里，混凝土的中部出现向外鼓胀现象，并逐步开始剥落，随后形成正倒相接的四角锥破坏形态。橡胶集料混凝土较普通混凝土，呈八字形的裂纹明显较多、弧度较大、裂纹扩展过程缓慢，且橡胶掺量越多、粒径越大，这种现象越明显。其破坏形态分别如图 3.22、图 3.23 所示。

图 3.22　C_J 破坏形态

图 3.23　Ca-20 破坏形态

（二）试验结果

废旧橡胶集料混凝土轴心抗压强度均按下式计算：

$$f_{cp} = \frac{F}{A} \tag{3.3}$$

式中，f_{cp} 为轴心抗压强度，MPa；F 为试件破坏荷载，N；A 为试件承压面

废旧橡胶集料混凝土

面积，mm^2；

试验结果依据《普通混凝土力学性能试验方法》(GB/T 50081—2002) 规定的试验数据处理方法进行计算，各组试件的试验结果如表 3.4 所示。

表 3.4　废旧橡胶集料混凝土轴心抗压强度

编号	橡胶			28d	
	粒径	比例/%	掺量/(kg/m³)	强度/MPa	相对/%
C-J		0	0	45.97	100.00
Ca-5		5	15.35	38.30	83.32
Ca-10	胶粒 a	10	30.70	37.48	81.53
Ca-15		15	46.05	36.81	80.07
Ca-20		20	61.40	34.21	74.42
Cb-5		5	12.04	37.98	82.62
Cb-10	胶粉 b	10	24.08	34.26	74.53
Cb-15		15	36.12	31.50	68.52
Cb-20		20	48.16	27.12	58.99
Cc-5		5	10.93	40.51	88.12
Cc-10	胶粉 c	10	21.86	36.30	78.96
Cc-15		15	32.79	26.91	58.54

由表 3.4 可以看出，基准混凝土的轴心抗压强度为 45.97MPa，相对于基准混凝土，掺 5%～20%胶粒 a 的混凝土的轴心抗压强度下降了 16.68%～25.58%，掺 5%～20%胶粉 b 的混凝土的轴心抗压强度下降了 17.38%～41.01%，掺 5%～15%胶粉 c 的混凝土的轴心抗压强度下降了 11.88%～41.46%。其具体的变化趋势和对比曲线如图 3.24 所示。

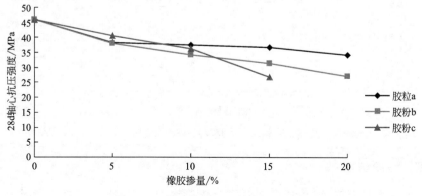

图 3.24　橡胶掺量-28d 轴心抗压强度

强度比即橡胶集料混凝土轴心抗压强度相对于其立方体抗压强度的比值,它反映了试件尺寸变化对混凝土材料抗压强度影响。其计算结果如表 3.5 所示。

表 3.5　废旧橡胶集料混凝土的强度比

编号	橡胶			28d		
	粒径	比例/%	掺量 /(kg/m³)	立方体抗压 强度/MPa	轴心抗压 强度/MPa	强度比
C-J		0	0.00	51.55	45.97	0.892
Ca-5	胶粒 a	5	15.35	43.14	38.30	0.888
Ca-10		10	30.70	42.28	37.48	0.886
Ca-15		15	46.05	40.16	36.81	0.917
Ca-20		20	61.40	39.70	34.21	0.862
Cb-5	胶粉 b	5	12.04	42.97	37.98	0.884
Cb-10		10	24.08	40.35	34.26	0.849
Cb-15		15	36.12	36.10	31.50	0.873
Cb-20		20	48.16	28.65	27.12	0.947
Cc-5	胶粉 c	5	10.93	42.53	40.51	0.953
Cc-10		10	21.86	39.17	36.30	0.927
Cc-15		15	32.79	32.78	26.91	0.821

从表 3.5 可以看出,基准混凝土的强度比为 0.892,掺 5%～20%胶粒 a 混凝土的强度比在 0.862～0.917 之间波动,掺 5%～20%胶粉 b 混凝土的强度比在 0.849～0.947 之间波动,掺 5%～15%胶粉 c 混凝土的强度比在 0.821～0.953 之间波动。其具体的变化趋势和对比曲线如图 3.25 所示。

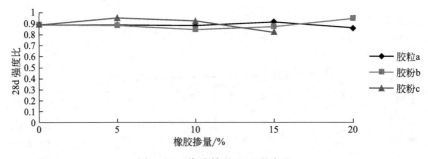

图 3.25　橡胶掺量-28d 强度比

四、试验结论

(1) 随着橡胶掺量的增多,橡胶集料混凝土的轴心抗压强度在逐渐减少,且掺橡胶粉混凝土表现更明显；

（2）在 20％掺量内，橡胶粒径越大，混凝土轴心抗压强度下降程度越小；

（3）橡胶集料混凝土的强度比在 0.82～0.95 之间变化，平均值为 0.89，与基准混凝土相接近；

（4）粗橡胶粒混凝土的强度比较稳定，即表明掺粗橡胶粒混凝土的立方体抗压强度和轴心抗压强度呈线性变化规律，而掺细橡胶粉混凝土的强度比变化波动性较大。

第四节　废旧橡胶集料混凝土的静力弹性模量

一、概述

弹性模量是反映混凝土材料变形的力学性能指标，是混凝土结构抗震设计的重要依据。废旧橡胶颗粒本身具有较低的弹性模量，它能够改善混凝土的变形性能，使混凝土材料由脆性破坏转变为塑性破坏。本节将详细描述探究废旧橡胶集料混凝土的标准试件在不同橡胶粒径和掺量下的静力弹性模量的试验过程和试验结果。

二、试验方法及步骤

（一）试验方法

试验共设计 12 组，36 个棱柱体试块，均为 150mm×150mm×300mm 的标准试件，配合比具体见表 2.8。试件均采用机械搅拌、机械振实。试件成型后放入标准养护箱中静置 24h 后拆模，随后移至温度为（20±5）℃，相对湿度在 90％以上，采用雾化加湿的标准养护室中养护。28d 后，依据《普通混凝土力学性能试验方法》(GB/T 50081—2002) 测试各组混凝土试块的静力弹性模量，其中变形测量采用应变片和动态应变仪记录，试验机为长春新特试验机有限公司生产的 YAW-5000 型微机控制电液伺服压力试验机。另外本试验各组试块制作过程与轴心抗压相对应组试块同步进行。

（二）试验步骤

（1）28d 后，从养护室中取出试件，检查外观与形状，画中心线并量取记录试件受压面尺寸；

（2）用砂纸将各试件其中的对称两面擦磨光滑，粘贴应变片，焊接导线，连接应变仪（具体过程将在下一章节重点论述）；

（3）用抹布将试件表面和承压面擦干净，并将试件直立安放在承压面的中心位置上，中心对准后，开动试验机，当上压板距试件承压面约 $10\sim20\mathrm{mm}$ 时，调整球座，使其接触均衡；

（4）设置试验参数，选取试验标准《普通混凝土力学性能试验方法》(GB/T 50081—2002)，数据归零，所有试件均采用 $0.3\mathrm{MPa/s}$ 的加载速度自动加载。加荷至 $F_0=11.5\mathrm{kN}$（即 $0.5\mathrm{MPa}$），保持恒载 $60\mathrm{s}$ 并在以后的 $30\mathrm{s}$ 内记录每个测试点的变形读数 ε_0，随后应立即连续均匀地加荷至 F_a（其值为轴心抗压强度 f_{cp} 的 $1/3$ 荷载值），保持恒载 $60\mathrm{s}$ 并在以后的 $30\mathrm{s}$ 内记录每一个测试点的变形读数 ε_a。再用 $0.3\mathrm{MPa/s}$ 的速度卸荷至 F_0，恒载 $60\mathrm{s}$；然后用同样的过程进行三次反复预压。在最后一次预压完成后，在 F_0 时恒载 $60\mathrm{s}$ 并在以后的 $30\mathrm{s}$ 内记录每一个测试点的变形读数 ε_0；再用同样的加荷速度加荷至 F_a，恒载 $60\mathrm{s}$ 并在以后的 $30\mathrm{s}$ 内记录每一个测试点的变形读数 ε_a，直至混凝土破坏。其加载过程如图 3.26 所示。

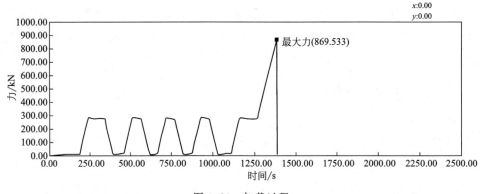

图 3.26　加载过程

三、试验现象及结果

（一）试验现象

各组混凝土破坏形态如图 3.27～图 3.38 所示。从破坏外观上可以发现，相对于普通混凝土，橡胶集料混凝土的破坏形态保持完整性较好，且四角锥破坏形态没普通混凝土那么明显。在整体上，橡胶掺量越多，混凝土破坏时保持的完整性越好，从 Ca-20 组、Cb-20 组、Cc-15 组三组可以明显看出。同时，橡胶掺量越少，混凝土破坏面上的裂纹粗而少，随着橡胶掺量增多，裂纹越来越细小，但也越来越多。在相同橡胶掺量下，可以看出掺粗胶粒比掺细胶粉的混凝土破坏时保持完整性要好，且裂纹出现中断现象也更明显。

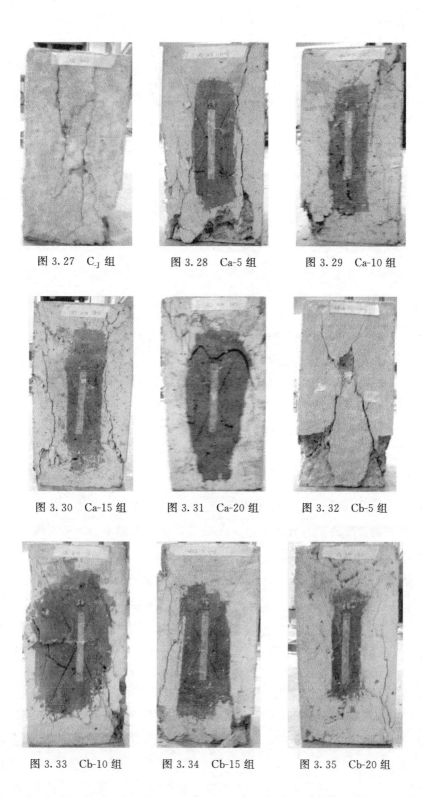

图 3.27　C_J 组　　　　　图 3.28　Ca-5 组　　　　　图 3.29　Ca-10 组

图 3.30　Ca-15 组　　　　图 3.31　Ca-20 组　　　　图 3.32　Cb-5 组

图 3.33　Cb-10 组　　　　图 3.34　Cb-15 组　　　　图 3.35　Cb-20 组

图 3.36　Cc-5 组　　　　图 3.37　Cc-10 组　　　　图 3.38　Cc-15 组

（二）试验结果

废旧橡胶集料混凝土弹性模量试验结果按下式计算：

$$E_c = \frac{F_a - F_0}{A} \times \frac{L}{\Delta n} \qquad (3.4)$$

式中，E_c 为混凝土弹性模量，MPa；F_a 是应力为 1/3 轴心抗压强度时的荷载，N；F_0 是应力为 0.5MPa 时的初始荷载，N；A 为试件承压面积，mm^2；L 为测量标距，mm。

$$\Delta n = \varepsilon_a - \varepsilon_0 \qquad (3.5)$$

式中，Δn 为最后一次从 F_0 加荷至 F_a 时试件两侧变形的平均值，mm；ε_a 为 F_a 时试件两侧变形的平均值，mm；ε_0 为 F_0 时试件两侧变形的平均值，mm。

试验结果依据《普通混凝土力学性能试验方法》（GB/T 50081—2002）规定的试验数据处理方法进行计算，各组试件的试验结果如表 3.6 所示。

表 3.6　废旧橡胶集料混凝土的弹性模量

编号	橡胶			28d	
	粒径	比例/%	掺量/(kg/m³)	静力弹性模量/GPa	相对[①]/%
C_J		0	0	38.75	100.00
Ca-5	胶粒 a	5	15.35	35.89	92.62
Ca-10		10	30.70	34.82	89.86
Ca-15		15	46.05	34.14	88.10
Ca-20		20	61.40	33.76	87.12

废旧橡胶集料混凝土

编号	橡胶			28d	
	粒径	比例/%	掺量/(kg/m³)	静力弹性模量/GPa	相对[①]/%
Cb-5	胶粉 b	5	12.04	35.23	90.92
Cb-10		10	24.08	33.42	86.25
Cb-15		15	36.12	32.31	83.38
Cb-20		20	48.16	31.12	80.31
Cc-5	胶粉 c	5	10.93	36.52	94.25
Cc-10		10	21.86	35.16	90.74
Cc-15		15	32.79	30.61	78.99

① 各组弹性模量与基准组的百分比。

由表 3.6 可以看出，基准混凝土的静力弹性模量为 38.75MPa，相对于基准混凝土，掺 5%～20% 胶粒 a 混凝土的轴心抗压强度下降了 7.38%～12.88%，掺 5%～20% 胶粉 b 混凝土的轴心抗压强度下降了 9.18%～19.69%，掺 5%～15% 胶粉 c 混凝土的轴心抗压强度下降了 5.75%～11.01%。其具体的变化趋势和对比曲线如图 3.39 所示。

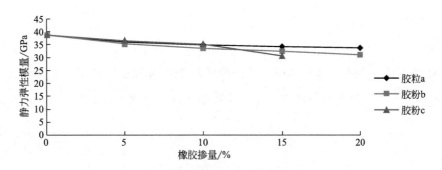

图 3.39　橡胶掺量-28d 静力弹性模量

四、试验结论

（1）随着橡胶掺量的增多，橡胶集料混凝土的静力弹性模量在逐渐减少，且掺橡胶粉混凝土表现更明显；

（2）在 20% 掺量内，橡胶粒径越大，混凝土静力弹性模量下降程度越小；

（3）在整体上，当橡胶掺量相同时，粗橡胶粒混凝土的静力弹性模量比细橡胶粉混凝土的静力弹性模量大。

第五节　废旧橡胶集料混凝土力学指标的换算关系

一、概述

通过试验完成了掺 3 种橡胶粒径和 4 种橡胶掺量的废旧橡胶集料混凝土立方体抗压、劈裂抗拉、轴心抗压、静力弹性模量等基本试验，以试验结果为样本数据，分别对废旧橡胶集料混凝土的立方体抗压强度和劈裂抗拉强度、立方体抗压强度和轴心抗压强度、立方体抗压强度和弹性模量试验结果进行了回归分析，同时查阅国内外有关废旧橡胶集料混凝土基本力学性能试验研究数据，共收集了 300 多组相关的试验数据，建立了公式应用于可行性分析的数据样本。并与国内外普通混凝土相关规范提出的规律性公式进行对比分析。

二、立方体抗压强度与劈裂抗拉强度关系

立方体抗压和劈裂抗拉的标准试件的尺寸均为 $150\mathrm{mm}\times150\mathrm{mm}\times150\mathrm{mm}$，两者是混凝土材料研究中最基本和最简单的力学性能指标。我国《混凝土结构设计规范》(GB 50010—2002) 和美国 ACI 中对普通混凝土的立方体抗压强度 f_{cu}（MPa）和劈裂抗拉强度 f_{sp}（MPa）的关系表述如下：

GB 50010—2002： $$f_{sp}=0.49f_{cu}^{0.5} \tag{3.6}$$

ACI： $$f_{sp}=0.19f_{cu}^{0.75} \tag{3.7}$$

对本试验结果进行回归分析，结合收集的废旧橡胶集料混凝土试验样本数据（图 3.40）发现，橡胶集料混凝土立方体抗压强度和劈裂抗拉强度存在的关系为：

$$f_{sp}=0.24f_{cu}^{0.7} \tag{3.8}$$

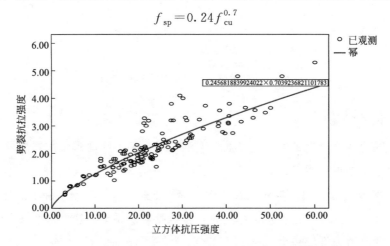

图 3.40　橡胶集料混凝土立方体抗压强度-劈裂抗拉强度

从图 3.40 可以看出，基于试验结果的回归曲线与数据样本的吻合度较高，能够反映橡胶集料混凝土立方体抗压强度和劈裂抗拉强度之间的关系。

以本试验立方体抗压强度试验值为基础，基于公式（3.6）～公式（3.8），劈裂抗拉强度的计算结果如表 3.7 所示，与劈裂抗拉试验值的对比如图 3.41 所示。

表 3.7　橡胶集料混凝土劈裂抗拉强度的计算值

编号	橡胶			立方体抗压强度/MPa	劈裂抗拉强度/MPa			
	种类	比例/%	掺量/(kg/m³)	试验值	试验值	GB 50010—2002	ACI	拟合公式
C₋J		0	0	51.55	3.75	3.52	3.66	3.79
Ca-5		5	15.35	43.14	3.35	3.22	3.20	3.35
Ca-10	胶粒 a	10	30.70	42.28	3.17	3.19	3.15	3.30
Ca-15		15	46.05	40.16	3.11	3.11	3.03	3.18
Ca-20		20	61.40	39.70	3.03	3.09	3.01	3.16
Cb-5		5	12.04	42.97	3.25	3.21	3.19	3.34
Cb-10	胶粉 b	10	24.08	40.35	2.90	3.11	3.04	3.19
Cb-15		15	36.12	36.10	2.76	2.94	2.80	2.95
Cb-20		20	48.16	28.65	2.56	2.62	2.35	2.51
Cc-5		5	10.93	42.53	3.17	3.20	3.16	3.31
Cc-10	胶粉 c	10	21.86	39.17	3.06	3.07	2.97	3.13
Cc-15		15	32.79	32.78	2.73	2.81	2.60	2.76

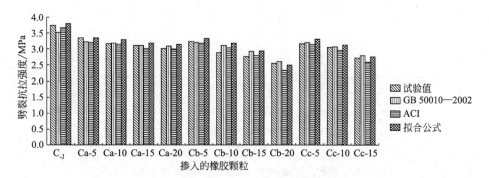

图 3.41　橡胶集料混凝土劈裂抗拉强度的计算值

从图 3.41 可以看出，试验值与各公式计算结果较吻合，且拟合公式计算值与试验值最为接近，即表明式（3.8）比式（3.6）、式（3.7）更能够准确描述废旧橡胶集料混凝土的劈裂抗拉强度与立方体抗压强度之间的关系。

三、立方体抗压强度和轴心抗压强度关系

测试轴心抗压强度的标准试件的高度是立方体抗压标准试件高度的两倍，它们均是衡量混凝土材料抗压强度的指标。国内外的相关设计规范给出的计算公式如表3.8所示。

表 3.8　混凝土棱柱体抗压强度计算式

建议者	计算式
德国：Graf	$f_c = \left(0.85 - \dfrac{f_{cu}}{172}\right) f_{cu}$
前苏联：Гвозлёв	$f_c = \dfrac{130 + f_{cu}}{145 + 3 f_{cu}} f_{cu}$
中国：《混凝土结构设计规范》 （GB 50010—2002）	$f_c = 0.80 f_{cu}$

对本试验结果进行回归分析，结合收集的废旧橡胶集料混凝土试验样本数据（图3.42）发现，橡胶集料混凝土立方体抗压强度 f_{cu}（MPa）和轴心抗压强度 f_c（MPa）存在的关系为：

$$f_c = 0.82 f_{cu} + 0.376 \tag{3.9}$$

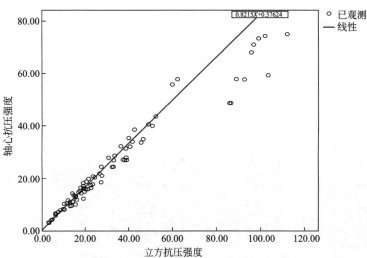

图 3.42　橡胶集料混凝土立方体抗压强度-轴心抗压强度

从图3.42可以看出，基于试验结果的回归曲线与数据样本的吻合度较高，能够反映废旧橡胶集料混凝土立方体抗压强度和轴心抗压强度之间的关系。

以本试验立方体抗压强度试验值为基础，基于公式（3.9），轴心抗压强度的计算结果如表3.9所示，与轴心抗压强度试验值的对比如图3.43所示。

废旧橡胶集料混凝土

表 3.9　废旧橡胶集料混凝土轴心抗压强度的计算值

编号	橡胶			立方体抗压强度/MPa	轴心抗压强度/MPa				
	种类	比例/%	掺量/(kg/m³)	试验值	试验值	德国	前苏联	中国	拟合公式
C_{-J}		0	0.00	51.55	45.97	28.40	31.23	41.24	42.65
Ca-5	胶粒 a	5	15.35	43.14	38.30	25.87	27.22	34.51	35.75
Ca-10		10	30.70	42.28	37.48	25.57	26.80	33.82	35.05
Ca-15		15	46.05	40.16	36.81	24.78	25.74	32.13	33.31
Ca-20		20	61.40	39.70	34.21	24.60	25.51	31.76	32.93
Cb-5	胶粉 b	5	12.04	42.97	37.98	25.82	27.13	34.38	35.61
Cb-10		10	24.08	40.35	34.26	24.85	25.84	32.28	33.46
Cb-15		15	36.12	36.10	31.50	23.13	23.67	28.88	29.98
Cb-20		20	48.16	28.65	27.12	19.59	19.68	22.92	23.87
Cc-5	胶粉 c	5	10.93	42.53	40.51	25.66	26.92	34.02	35.25
Cc-10		10	21.86	39.17	36.30	24.40	25.24	31.34	32.50
Cc-15		15	32.79	32.78	26.91	21.63	21.93	26.22	27.26

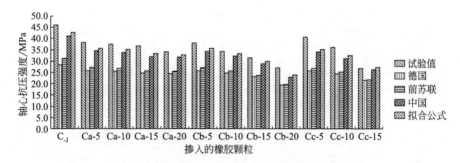

图 3.43　橡胶集料混凝土轴心抗压强度的计算值

从图 3.43 可以看出，但基于各国建议公式计算的橡胶集料混凝土轴心抗压强度与试验值相差较大，相对而言，我国《混凝土结构设计规范》(GB 50010—2002)比国外的计算结果要偏大，但基于拟合公式计算的结果最接近试验值。同时也表明橡胶集料混凝土的轴心抗压强度与立方体抗压强度的强度比要比普通混凝土的高，即橡胶集料混凝土构件在结构设计时具有比普通混凝土更高的安全保证性。

四、立方体抗压强度和弹性模量关系

弹性模量是混凝土材料线弹性应力-应变关系，是混凝土结构设计重要的设计

第三章　废旧橡胶集料混凝土的力学性能

47

依据。我国《混凝土结构设计规范》(GB 50010—2002) 和美国 ACI 中对普通混凝土的立方体抗压强度 f_{cu} (MPa) 和弹性模量 E_c (MPa) 的关系表述如下:

GB 50010—2002:
$$E_c = \frac{10^5}{2.2 + \dfrac{34.7}{f_{cu}}} \tag{3.10}$$

ACI:
$$E_c = 4127 f_{cu}^{0.5} \tag{3.11}$$

对本试验结果进行回归分析,结合收集的废旧橡胶集料混凝土试验样本数据(图 3.44)发现,橡胶集料混凝土立方体抗压强度 f_{cu} (MPa) 和弹性模量 E_c (MPa) 存在的关系为:

$$E_c = 5040 f_{cu}^{0.515} \tag{3.12}$$

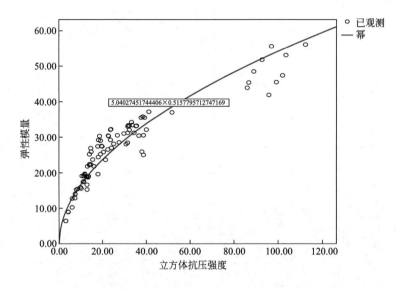

图 3.44　橡胶集料混凝土立方体抗压强度-弹性模量

从图 3.44 可以看出,基于试验结果的回归曲线与数据样本的吻合度较高,能够反映橡胶集料混凝土立方体抗压强度和弹性模量之间的关系。

以本试验立方体抗压强度试验值为基础,基于式(3.10)~式(3.12),轴心抗压强度的计算结果如表 3.10 所示,与弹性模量试验值的对比如图 3.45 所示。

从图 3.45 可以看出,基于我国《混凝土结构设计规范》(GB 50010—2002)的建议公式计算的结果比试验值普遍偏低,且基于 ACI 计算结果与试验值相差更大,基于拟合公式计算的结果与试验值较吻合。同时也表明橡胶集料混凝土具有较好的变形性能,在结构设计中的抗震性较好。

表 3.10　废旧橡胶集料混凝土弹性模量的计算值

编号	橡胶			立方体抗压强度/MPa	弹性模量/GPa			
	种类	比例/%	掺量/(kg/m³)	试验值	试验值	GB 50010—2002	ACI	拟合公式
C₋ⱼ	—	0	0.00	51.55	38.75	34.81	29.63	38.39
Ca-5		5	15.35	43.14	35.89	33.28	27.11	35.02
Ca-10	胶粒 a	10	30.70	42.28	34.82	33.10	26.84	34.66
Ca-15		15	46.05	40.16	34.14	32.64	26.15	33.75
Ca-20		20	61.40	39.70	33.76	32.53	26.00	33.56
Cb-5		5	12.04	42.97	35.23	33.25	27.05	34.95
Cb-10	胶粉 b	10	24.08	40.35	33.42	32.68	26.22	33.84
Cb-15		15	36.12	36.10	32.31	31.63	24.80	31.95
Cb-20		20	48.16	28.65	31.12	29.32	22.09	28.36
Cc-5		5	10.93	42.53	36.52	33.16	26.91	34.77
Cc-10	胶粉 c	10	21.86	39.17	35.16	32.41	25.83	33.32
Cc-15		15	32.79	32.78	30.61	30.69	23.63	30.40

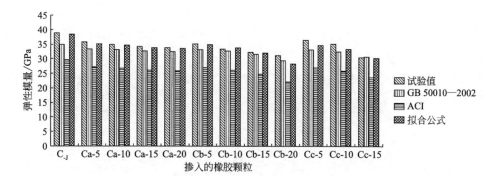

图 3.45　橡胶集料混凝土弹性模量的计算值

第六节　本章结论

（1）在 20% 掺量内，随着橡胶掺量的增多，掺粗橡胶粒混凝土拌合物的流动性逐渐增大，而掺细橡胶粉混凝土拌合物的流动性逐渐减小；

（2）橡胶集料混凝土比普通混凝土具有较好的变形和抗开裂能力，橡胶粒径越大、掺量越多，其破坏时的完整性越好；

（3）在 20％掺量内，随着橡胶掺量的增多，混凝土立方体抗压强度、劈裂抗拉强度、轴心抗拉强度、静力弹性模量逐渐减小，且掺橡胶粉混凝土的强度下降更明显；

（4）随着龄期的增长，橡胶集料混凝土立方体抗压强度、劈裂抗拉强度均呈现不同程度的提高，且橡胶颗粒掺量越多，提高幅度越大；

（5）橡胶集料混凝土的拉压比基本上呈线性变化规律，即橡胶粒径、橡胶掺量、龄期对拉压比无明显影响；

（6）橡胶集料混凝土的轴心抗压强度和立方体抗压强度的强度比在 0.82～0.95 之间变化，且掺粗橡胶粒混凝土的强度比变化比较稳定；

（7）在整体上，掺粗橡胶粒混凝土比掺细橡胶粉混凝土的力学性能要好，且当细橡胶粉掺量大于 10％后，对力学性能影响显著；

（8）以本试验结果为基础样本，基于统计理论的相互变量之间的回归分析，建立了橡胶集料混凝土立方体抗压强度与劈裂抗拉强度之间的转化公式：$f_{sp}=0.24f_{cu}^{0.7}$；建立了橡胶集料混凝土立方体抗压强度与轴心抗压强度之间的转化公式：$f_c=0.82f_{cu}+0.376$；建立了橡胶集料混凝土立方体抗压强度与弹性模量之间的转化公式：$E_c=5040f_{cu}^{0.515}$；基于以上公式的计算结果和本试验结果相吻合。

第四章 废旧橡胶集料混凝土的 应力-应变关系

第一节 废旧橡胶集料混凝土的应力-应变关系试验研究

一、概述

混凝土的应力-应变关系是混凝土材料力学性能的综合反映，是研究混凝土结构设计、有限元分析、抗震设计的重要依据。目前，有关普通混凝土单轴、多轴的应力-应变全曲线研究已日趋完善，而较少对橡胶集料混凝土的应力-应变关系进行研究。本章依据普通混凝土的单轴应力-应变试验研究方法，研究了掺 3 种粒径、4 种掺量的废旧橡胶集料混凝土的单轴应力-应变关系。基于试验结果和普通混凝土的本构模型，建立了废旧橡胶集料混凝土的本构模型。

混凝土的应力-应变全曲线包括上升段和下降段，一般上升段曲线很容易实现，下降段则难以控制。因为在试验机加载过程中发生了变形，存储了很大的弹性应变能，当试件达到极限荷载后，其承载力突然下降，试验机因恢复变形而即刻释放大量的应变能而使试件突然急速压坏。要获得完整的混凝土应力-应变全曲线，必须控制混凝土试件使其缓慢地变形和破坏，目前主要有两种方式控制：①在普通试验机上增加刚性元件，提高试验机的整体刚度；②在电液伺服压力机上，采用等应变速度加载。本试验仅针对废旧橡胶集料混凝土应力-应变上升段曲线开展研究。

二、试验方法及步骤

(一) 试验方法

试验共设计 12 组，36 个棱柱体，均为 $150mm \times 150mm \times 300mm$ 的标准试

件，材料配合比和编号如表 2.8 所示。混凝土试件均采用机械搅拌、机械振实，试件成型后放入标准养护箱中静置 24h 后拆模，随后移至温度为（20±5）℃，相对湿度在 90％以上，在采用雾化加湿的养护室中养护。28d 后，依据普通混凝土轴心抗压试验标准，对试件进行轴心抗压，用应变片测纵向变形，采取双面中心对称布置方式，运用动态应变仪采集试验数据，如图 4.1 所示。其中试验机为长春新特试验机有限公司生产的 YAW-5000 型微机控制电液伺服压力试验机，动态应变仪为江苏东华测试技术股份有限公司生产的 DH-5922 动态信号测试分析系统，如图 4.2 所示。

图 4.1　应力应变试验

图 4.2　应变仪

（二）试验步骤

1.试件表面处理

待试件养护 28d 后，取出试件并擦干表面，再用打磨机和砂纸将需要粘贴应变片的区域打磨光滑平整，然后用无水乙醇清洗。

2.应变片粘贴

首先画出应变片和端子的粘贴位置，再用无水乙醇擦洗该区域，待风干后在该区域打上一层薄薄的、均匀的 AB 胶胶层，然后粘贴应变片和端子，最后用手指沿应变片轴线方向均匀地滚压应变片，轻压端子。

3.焊接

24 小时后待 AB 胶固化，开始焊接应变片和导线。首先，将应变片上的引线分别对准相应的端子位置，用带锡的热电烙铁轻而快地压住引线，迅速提起，使引线与端子连接，再剪除多余的引线。紧接着将导线绝缘皮剥除 20mm，将露出的导线蘸一下焊锡膏，然后将带锡的热电烙铁压在导线上并转动导线，使导线镀上一层薄薄的锡层。再将带锡的导线放在端子上，用热电烙铁轻轻一压，在 2～3s 内完成后迅速提起，使导线与端子连接，并用镊子转动导线，确认不松动后再剪除多余的导线。最后，用无水乙醇清洗焊接部位。

4.测试

用万能表检测应变片与导线的连接情况，电阻在 120Ω 左右波动即表示正常，否则需重新粘贴和焊接应变片。

5.连线

试验试块和补偿试块的应变片采取四分之一桥连接，压力传感器采用全桥连接，连接形式如图 4.3 所示。

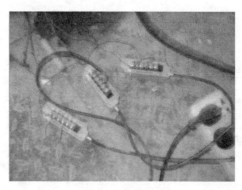

图 4.3　桥接方式

6.调试

检查仪器处于正常工作状态，设置通道参数、采样参数，熟悉控制软件。同时为了保证压力机与应变仪的同步进行，需要进行试压，以保持试验数据的同步记录。在加载过程中，观察各个通道数据采集是否正常，左右应变片是否变化均衡。

7.试验

在断开电源的情况下，连接好测试系统的所有连线，打开电源开关及测试程序，进行相关参数设置，其中采样频率为 5Hz，进行通道平衡——平衡清零——开始采样等操作，开始记录试验数据。为了减少误差，在首次进行试验前，让动态应变仪先预热 15 分钟左右，使刚开始采集的点的漂浮控制在最小范围内。试验过程同轴心抗压试验操作过程，取 0.3MPa/s 的加载速率，试验结束后，读取数据，显示波形，确认无误后保存 Excel 文件形式。

三、试验结果及分析

试验数据处理方式：首先将三个试件的 6 个应变片的应力-应变试验数据转化为标准形式 (σ-ε)，再各自排除漂浮较大的异常点，然后将同组的应力-应变试验数据点投射到相同的坐标系下，择优选取试验点集中分布于中心区域的试验数据作为该组的试验结果。各组试验结果如图 4.4～图 4.15 所示。

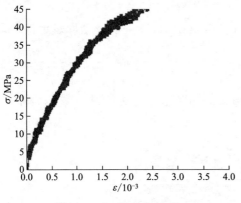

图 4.4 C_-J 组应力-应变

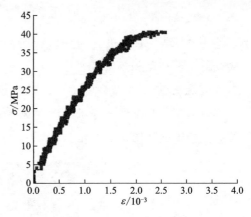

图 4.5 Ca-5 组应力-应变

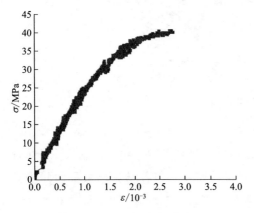

图 4.6 Ca-10 组应力-应变

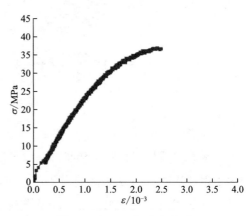

图 4.7 Ca-15 组应力-应变

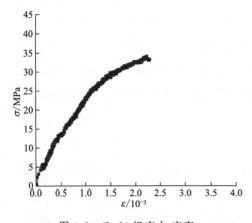

图 4.8 Ca-20 组应力-应变

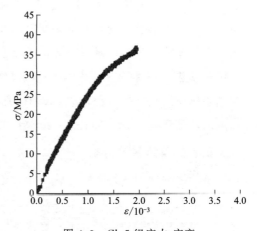

图 4.9 Cb-5 组应力-应变

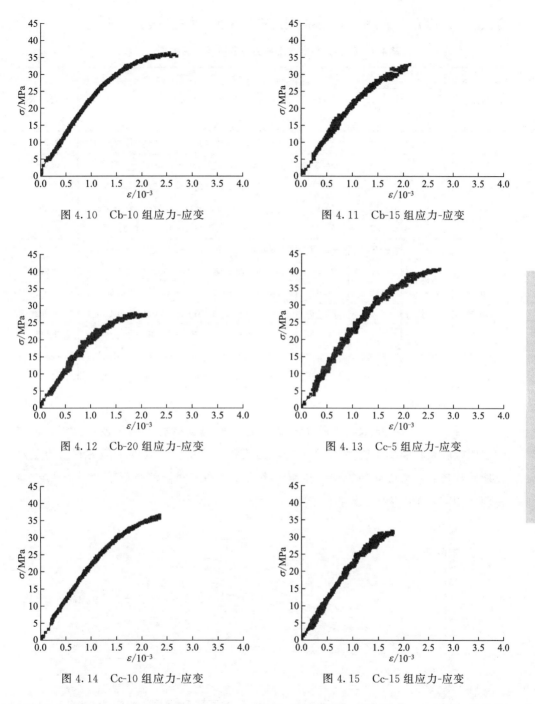

图 4.10 Cb-10 组应力-应变

图 4.11 Cb-15 组应力-应变

图 4.12 Cb-20 组应力-应变

图 4.13 Cc-5 组应力-应变

图 4.14 Cc-10 组应力-应变

图 4.15 Cc-15 组应力-应变

试验数据分析过程中发现，在刚开始加载和临近极限荷载时，采集的应力-应变的数据点漂浮较大，当橡胶掺量较大时，同组的几个应变片的数据点存在一定幅度的波动性。为了更准确地描述应力-应变关系，运用 SPSS19.0 统计软件，对各组试验点进行了回归分析，应力-应变试验点的拟合方程如表 4.1 所示。

表 4.1　橡胶集料混凝土应力应变试验数据的拟合方程

| 编号 | 橡胶 | | | 拟合方程 | 拟合度 R^2 |
	粒径	比例/%	掺量/(kg/m³)		
C$_{-J}$		0	0	$\sigma=3.204+33.405\varepsilon-7.259\varepsilon^2+0.188\varepsilon^3$	0.996
Ca-5	胶粒 a	5	15.35	$\sigma=1.047+29.453\varepsilon-4.297\varepsilon^2-0.47\varepsilon^3$	0.996
Ca-10		10	30.70	$\sigma=0.664+28.318\varepsilon-4.839\varepsilon^2-0.087\varepsilon^3$	0.996
Ca-15		15	46.05	$\sigma=-0.034+27.581\varepsilon-4.128\varepsilon^2-0.434\varepsilon^3$	0.999
Ca-20		20	61.40	$\sigma=1.029+27.921\varepsilon-6.5\varepsilon^2+0.216\varepsilon^3$	0.997
Cb-5	胶粉 b	5	12.04	$\sigma=0.291+29.879\varepsilon-5.19\varepsilon^2-0.318\varepsilon^3$	0.999
Cb-10		10	24.08	$\sigma=0.318+27.037\varepsilon-4.536\varepsilon^2-0.236\varepsilon^3$	0.999
Cb-15		15	36.12	$\sigma=0.126+25.16\varepsilon-3.893\varepsilon^2-0.409\varepsilon^3$	0.995
Cb-20		20	48.16	$\sigma=0.337+25.97\varepsilon-5.536\varepsilon^2-0.204\varepsilon^3$	0.994
Cc-5	胶粉 c	5	10.93	$\sigma=-0.471+26.715\varepsilon-3.04\varepsilon^2-0.478\varepsilon^3$	0.996
Cc-10		10	21.86	$\sigma=0.272+24.766\varepsilon-2.492\varepsilon^2-0.679\varepsilon^3$	0.999
Cc-15		15	32.79	$\sigma=-0.081+23.792\varepsilon-0.737\varepsilon^2-1.133\varepsilon^3$	0.999

注：σ/MPa，ε/10^{-3}。

拟合度 $R^2 \approx 1$，即表明橡胶集料混凝土应力-应变试验点满足拟合方程，也同时表明橡胶集料混凝土应力-应变上升段曲线符合三次多项式的一般方程。为了对比橡胶掺量对应力应变的影响，在相同橡胶粒径和不同橡胶掺量下的应力-应变对比曲线如图 4.16～图 4.18 所示。

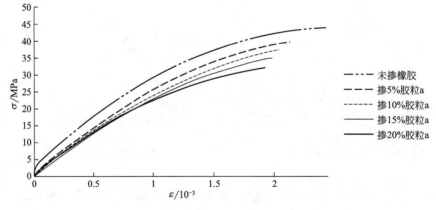

图 4.16　掺胶粒 a 应力-应变曲线

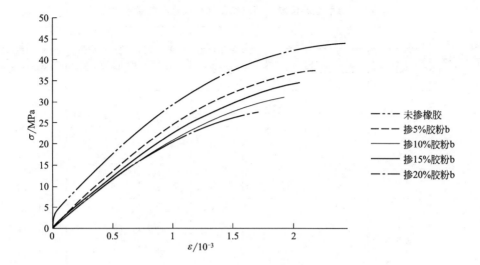

图 4.17　掺胶粉 b 应力-应变曲线

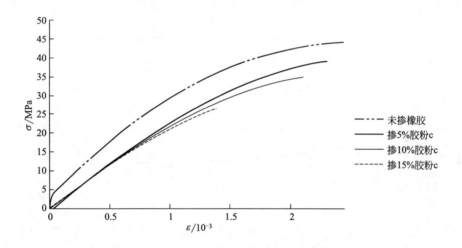

图 4.18　掺胶粉 c 应力-应变曲线

　　从上述对比曲线中可以发现：①在同一种粒径下，随着橡胶掺量的增加，应力-应变曲线越来越平缓，即表明在相同应力下，橡胶掺量越多，应变越大；②掺粗橡胶粒的混凝土较掺细橡胶粉的应力-应变曲线要高，即表明在相同掺量下，橡胶粒径越大，应力和应变越大；③掺胶粒 a 的橡胶集料混凝土的几组应力-应变曲线变化程度较小，而掺胶粉 c 变化较大。

　　不同橡胶粒径和掺量下混凝土峰值应变和峰值应力的试验结果、原点弹性模量 E_0 和割线弹性模量 E_h 的计算结果如表 4.2 所示。

表 4.2　橡胶集料混凝土原点切线弹性模量和割线弹性模量

编号	橡胶			峰值应力 /MPa	峰值应变 /10^{-3}	原点切线弹性模量 E_0/GPa	割线弹性模量 E_h/GPa
	粒径	比例/%	掺量 /(kg/m³)				
C_J	—	0	0	45.97	2.45	33.405	18.76
Ca-5	胶粒 a	5	15.35	38.30	2.22	29.453	17.25
Ca-10		10	30.70	37.48	2.26	28.318	16.58
Ca-15		15	46.05	36.81	2.28	27.581	16.14
Ca-20		20	61.40	34.21	2.16	27.921	15.84
Cb-5	胶粉 b	5	12.04	37.98	2.25	29.879	16.88
Cb-10		10	24.08	34.26	2.12	27.037	16.16
Cb-15		15	36.12	31.50	2.03	25.16	15.52
Cb-20		20	48.16	27.12	1.95	25.97	13.91
Cc-5	胶粉 c	5	10.93	40.51	2.32	26.715	17.46
Cc-10		10	21.86	36.30	2.24	24.766	16.21
Cc-15		15	32.79	26.91	1.83	23.792	14.70

依据表 4.2 计算结果，可以作出橡胶掺量-峰值应变、橡胶掺量-原点切线弹性模量、橡胶掺量-割线弹性模量的对比曲线，分别如图 4.19～图 4.21 所示。

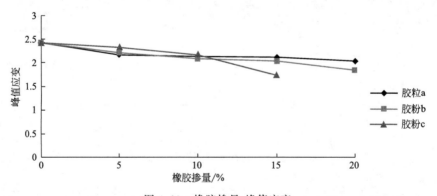

图 4.19　橡胶掺量-峰值应变

从上述对比曲线中可以发现：①在整体上，较基准混凝土，橡胶集料混凝土的峰值应变、原点切线弹性模量、割线弹性模量均降低，且橡胶掺量越多，降低程度越明显；②在相同掺量下，掺粗胶粒的混凝土较掺细胶粉的峰值应变、原点切线弹性模量、割线弹性模量要大，且掺量越多，变化幅度越大；③在相同粒径下，随着橡胶掺量增加，橡胶集料混凝土的峰值应变、原点切线弹性模量、割线弹性模量逐

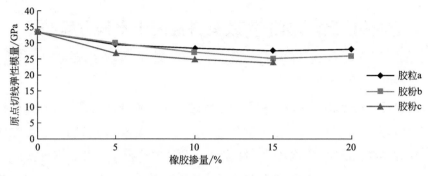

图 4.20　橡胶掺量-原点切线弹性模量

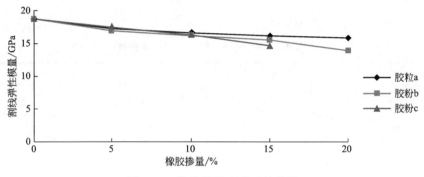

图 4.21　橡胶掺量-割线弹性模量

渐降低，且掺粗橡胶粒较细橡胶粉的混凝土的变化幅度要小。

四、试验结论

（1）在整体上，较基准混凝土，橡胶集料混凝土的应力应变曲线要平缓，其峰值应变、原点切线弹性模量、割线弹性模量均降低，且橡胶掺量越多，变化幅度越大；

（2）在相同粒径下，橡胶掺量越多，应力-应变曲线越平缓，且掺粗胶粒比细橡胶粉的应力-应变曲线要陡；

（3）在相同掺量下，掺粗橡胶粒较掺细橡胶粉的应力-应变试验点要偏高，且橡胶粒径越小，掺量越多，变化幅度越大；

（4）在相同掺量下，掺粗胶粒的混凝土较掺细胶粉的峰值应变、原点切线弹性模量、割线弹性模量要大，且掺量越多，变化幅度越大；

（5）在相同粒径下，随着橡胶掺量增加，橡胶集料混凝土的峰值应变、原点切线弹性模量、割线弹性模量逐渐降低，且掺粗橡胶粒的混凝土较橡胶粉的变化幅度要小。

第二节　废旧橡胶集料混凝土本构方程

一、概述

针对混凝土的本构关系，许多研究学者进行了大量的试验研究和理论分析，提出了多种多样的本构模型。基于不同的力学理论，这些模型可以分为：弹性理论模型、塑性理论模型、黏性-弹（塑）性理论、内时理论模型、断裂理论模型、损伤理论模型和综合理论模型；其曲线形式基本上分为线性、非线性、组合线性三种情况；其数学表达式分为多项式、指数、三角函数、有理分式、分段式等多种函数形式，具体形式如表 4.3 所示。

表 4.3　混凝土受压应力-应变全曲线

函数类型	数学表达式	提出者
多项式形式	$\sigma = c_1 \varepsilon^n$	Bach
	$y = 2x - x^2$	Hognestad
	$\sigma_1 = c_1 \varepsilon + c_2 \varepsilon^n$	Sturman
	$\varepsilon = \dfrac{\sigma}{E_0} + c_1 \sigma^n$	Terzaghi
	$\varepsilon = \dfrac{\sigma}{E_0} + c_1 \dfrac{\sigma}{c_2 - \sigma}$	Ros
	$\sigma^2 + c_1 \varepsilon^2 + c_2 \sigma \varepsilon + c_3 \sigma + c_4 \varepsilon = 0$	Kriz-Lee
指数形式	$y = x \mathrm{e}^{1-x}$	Sahlin
	$y = 6.75(\mathrm{e}^{-0.812x} - \mathrm{e}^{-1.218x})$	Umemura
三角函数形式	$y = \sin\left(\dfrac{\pi}{2} x\right)$	Young
	$y = \sin\left[\dfrac{\pi}{2}(-0.27\,|\,x-1\,|\,) + 0.73x + 0.27\right]$	Okayama
有理分式形式	$y = \dfrac{2x}{1+x^2}$	Desayi 等
	$y = \dfrac{(c_1+1)x}{c_1 + x^n}$	Tulin-Gerstle
	$\sigma = \dfrac{c_1 \varepsilon}{[(\varepsilon + c_2)^2 + c_3]} - c_4 \varepsilon$	Alexander
	$y = \dfrac{x}{c_1 + c_2 x + c_3 x^2 + c_4 x^3}$	Saenz
	$y = \dfrac{c_1 x + (c_2-1)x^2}{1 + (c_1-2)x + c_2 x^2}$	Sargin

函数类型	数学表达式	提出者
分段式	$\begin{cases} y = 2x - x^2 ; (0 \leqslant x \leqslant 1) \\ y = 1 - 0.15\left(\dfrac{x-1}{x_u - 1}\right) ; (x \geqslant 1) \end{cases}$	Hognestad
	$\begin{cases} y = 2x - x^2 ; (0 \leqslant x \leqslant 1) \\ y = 1 ; (x \geqslant 1) \end{cases}$	Rüsch
	$\begin{cases} y = ax + (3 - 2a)x^2 + (a - 2)x^3 ; (0 \leqslant x \leqslant 1) \\ y = \dfrac{x}{a(x-1)^2 + x} ; (x \geqslant 1) \end{cases}$	过镇海等

注：式中 c_1、c_2、c_3、c_4、a 分别为系数常量，E_0 为混凝土的初始弹性模量，$x = \dfrac{\varepsilon}{\varepsilon_p}$；$y = \dfrac{\sigma}{f_c}$。其中 σ、ε 分别为混凝土的应力和应变，f_c 为混凝土的抗压强度，ε_p 为混凝土的峰值应变。

二、废旧橡胶集料混凝土本构方程建立

基于试验数据，从试验点的拟合方程可以发现，橡胶集料混凝土的应力-应变满足三次多项式要求，对于普通混凝土，其应力-应变无量纲的全曲线形式如图 4.22 所示。为了进一步描述橡胶集料混凝土的应力-应变曲线，将试验点的拟合方程进一步转化成无量纲的坐标形式，即将试验点 σ-ε，转变为 y-x，其中 $x = \dfrac{\varepsilon}{\varepsilon_p}$；$y = \dfrac{\sigma}{f_c}$，运用 SPSS19.0 将转化的试验点进一步拟合的方程如表 4.4 所示。

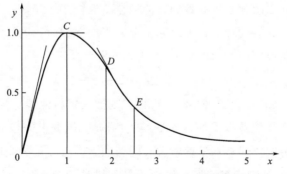

图 4.22　普通混凝土应力-应变全曲线

表 4.4　橡胶集料混凝土应力-应变曲线的无量纲拟合方程

编号	橡胶			拟合方程	拟合度 R^2
	粒径	比例 /%	掺量 /(kg/m³)		
C_{-J}		0	0	$y = 0.072 + 1.922x - 1.065x^2 - 0.07x^3$	0.996

编号	橡胶			拟合方程	拟合度 R^2
	粒径	比例 /%	掺量 /(kg/m³)		
Ca-5		5	15.35	$y=0.026+1.776x-0.627x^2-0.176x^3$	0.996
Ca-10		10	30.70	$y=0.017+1.922x-0.895x^2-0.044x^3$	0.996
Ca-15	胶粒 a	15	46.05	$y=-0.001+1.834x-0.664x^2-0.169x^3$	0.999
Ca-20		20	61.40	$y=0.003+2.151x-1.179x^2+0.014x^3$	0.999
Cb-5		5	12.04	$y=0.008+1.873x-0.77x^2-0.111x^3$	0.999
Cb-10	胶粉 b	10	24.08	$y=0.009+1.877x-0.785x^2-0.102x^3$	0.999
Cb-15		15	36.12	$y=0.004+1.83x-0.669x^2-0.165x^3$	0.996
Cb-20		20	48.16	$y=-0.012+1.913x-0.859x^2-0.067x^3$	0.994
Cc-5		5	10.93	$y=-0.011+1.788x-0.533x^2-0.245x^3$	0.996
Cc-10	胶粉 c	10	21.86	$y=0.008+1.702x-0.424x^2-0.286x^3$	0.999
Cc-15		15	32.79	$y=-0.002+1.564x-0.118x^2-0.443x^3$	0.996

注：$x=\varepsilon/\varepsilon_{CRC}$，$y=\sigma/f_{CRC}$，$\varepsilon_{CRC}$ 为混凝土单轴抗压强度，f_{CRC} 为相应的混凝土峰值压应变。

方程中存在常数项是由于试验点的误差引起，其值远小于 1，可以忽略不计，且方程的拟合度 $R^2\approx1$，即表明橡胶集料混凝土应力-应变曲线的无量纲拟合方程满足三次多项式形式，对上述 12 组拟合方程中 x 的一次项、二次项、三次项系数进行回归分析，发现橡胶集料混凝土应力应变上升段曲线的无量纲方程基本形式为：

$$y=ax+(2.912-1.976a)x^2+(0.907a-1.818)x^3 \quad (4.1)$$

其中一次项和二次项系数线性回归的拟合度 $R^2=0.928$，一次项和三次项系数的线性回归拟合度 $R^2=0.871$，即表明拟合方程成立。而我国《混凝土结构设计规范》中，对于普通混凝土的单轴应力-应变关系推荐采用：

当 $x\leqslant1$ 时，$\qquad y=ax+(3-2a)x^2+(a-2)x^3 \quad (4.2)$

通过对比式（4.1）和式（4.2），可以发现橡胶集料混凝土的应力-应变上升段曲线的无量纲方程与规范推荐的普通混凝土的应力-应变上升段曲线的无量纲方程近似相同，在考虑试验误差和试验量较少的影响时，可以认为橡胶集料混凝土的应力-应变上升段本构模型满足我国《混凝土结构设计规范》提出的普通混凝土上升段的本构模型。

对于模型中的系数 a，我国《混凝土结构设计规范》中推荐计算公式为：

$$a=2.4-0.0125f_c \quad (4.3)$$

式中，f_c 为混凝土轴心抗压强度。

基于上述计算公式，橡胶集料混凝土的本构系数 a 的计算值如表 4.5 所示。

废旧橡胶集料混凝土

表 4.5　橡胶集料混凝土的本构系数 a 的试验值和计算值

编号	橡胶			轴心抗压强度/MPa	系数 a 试验值	系数 a 计算值	相对误差/%
	粒径	比例/%	掺量/(kg/m³)				
C-J		0	0	45.97	1.922	1.83	−5.29
Ca-5	胶粒 a	5	15.35	38.30	1.776	1.92	7.56
Ca-10		10	30.70	37.48	1.922	1.93	0.49
Ca-15		15	46.05	36.81	1.834	1.94	5.46
Ca-20		20	61.40	34.21	2.151	1.97	−9.06
Cb-5	胶粉 b	5	12.04	37.98	1.873	1.93	2.71
Cb-10		10	24.08	34.26	1.877	1.97	4.81
Cb-15		15	36.12	31.50	1.830	2.01	8.79
Cb-20		20	48.16	27.12	1.913	2.06	7.18
Cc-5	胶粉 c	5	10.93	40.51	1.788	1.89	5.58
Cc-10		10	21.86	36.30	1.702	1.95	12.55
Cc-15		15	32.79	26.91	1.564	2.06	24.21

　　从计算结果可以看出，普通混凝土的本构系数计算式（4.3）基本满足橡胶集料混凝土本构系数的计算，但当橡胶粉掺量大于 10% 时，本构系数计算值与试验值变化较大。为了进一步描述橡胶掺量和粒径对本构系数的影响，运用 MATLAB 软件对试验数据进行多元回归拟合，方程为：

$$A = a\,e^{\rho(-2.57 + 5.35d - 1.54d^2)} \tag{4.4}$$

　　式中，A 为橡胶集料混凝土本构系数；a 为基准混凝土本构系数；ρ 为橡胶等体积取代的数值，本试验数值依次为 0.05、0.1、0.15、0.2；d 为橡胶平均粒径，本试验胶粒 a、胶粉 b、胶粉 c 平均粒径依次为 3mm、0.5mm、0.25mm。

　　基于推导的本构系数 A 计算式（4.4），废旧橡胶集料混凝土本构系数 A 的计算结果如表 4.6 所示。

表 4.6　橡胶集料混凝土的本构系数 A 的计算值

编号	橡胶		转化值		本构系数 A		
	粒径	比例/%	平均粒径 d/mm	等体积取代值 ρ	试验值	计算值	相对误差/%
Ca-5	胶粒 a	5	3	0.05	1.78	1.89	6.18
Ca-10		10		0.10	1.92	1.85	−3.73
Ca-15		15		0.15	1.83	1.82	−1.01
Ca-20		20		0.20	2.15	1.78	−17.19

编号	橡胶		转化值		本构系数 A		
	粒径	比例/%	平均粒径 d /mm	等体积取代值 ρ	试验值	计算值	相对误差 /%
Cb-5		5		0.05	1.87	1.90	1.19
Cb-10	胶粉 b	10	0.5	0.10	1.88	1.87	−0.43
Cb-15		15		0.15	1.83	1.84	0.71
Cb-20		20		0.20	1.91	1.82	−5.00
Cc-5		5		0.05	1.79	1.80	0.58
Cc-10	胶粉 c	10	0.25	0.10	1.70	1.68	−1.12
Cc-15		15		0.15	1.56	1.58	0.68

从表 4.6 可以看出，基于公式（4.4）计算本构系数与试验值较吻合，即表明橡胶集料混凝土应力-应变上升段本构系数与橡胶粒径、橡胶掺量存在的关系为：

$$A = a\,e^{\rho(-2.57+5.35d-1.54d^2)}$$

基于以上推导过程和建立的方程，废旧橡胶集料混凝土的本构上升段方程如式（4.5）所示：

$$\sigma = f_{CRC}\left[A \times \left(\frac{\varepsilon}{\varepsilon_{CRC}}\right) + (2.912 - 1.976A) \times \left(\frac{\varepsilon}{\varepsilon_{CRC}}\right)^2 + (0.907A - 1.818) \times \left(\frac{\varepsilon}{\varepsilon_{CRC}}\right)^3\right] \tag{4.5}$$

式中，A 为本构系数，其计算式为 $A = a\,e^{\rho(-2.57+5.35d-1.54d^2)}$；$\sigma$ 为橡胶集料混凝土应力；ε 为橡胶集料混凝土应变。

三、计算实例

为了验证推导的本构方程的准确性，选取本试验中掺 5％胶粒 a、胶粉 b、胶粉 c 三组进行数值计算，其本构上升段方程计算结果如表 4.7 所示，计算结果和试验结果的对比曲线如图 4.23～图 4.25 所示（为了更清楚地反映试验值与计算值的误差，只选取部分试验点进行比较）。

表 4.7 公式计算的橡胶集料混凝土本构方程

编号	峰值应力/MPa	峰值应变/10^{-3}	本构系数 A	本构方程
Ca-5	38.30	2.22	1.89	$\sigma = 32.606\varepsilon - 6.372\varepsilon^2 - 0.350\varepsilon^3$
Cb-5	37.98	2.25	1.90	$\sigma = 32.072\varepsilon - 6.302\varepsilon^2 - 0.316\varepsilon^3$
Cc-5	40.51	2.32	1.80	$\sigma = 31.430\varepsilon - 4.853\varepsilon^2 - 0.601\varepsilon^3$

从图 4.23～图 4.25 可以看出，基于推导的本构方程的计算结果与试验结果相

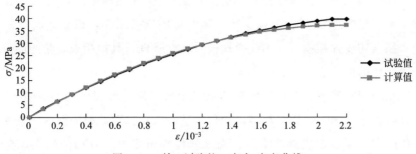

图 4.23　掺 5％胶粒 a 应力-应变曲线

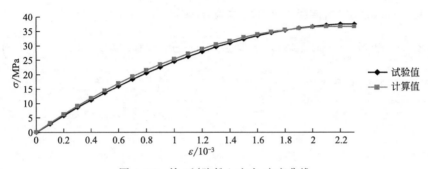

图 4.24　掺 5％胶粉 b 应力-应变曲线

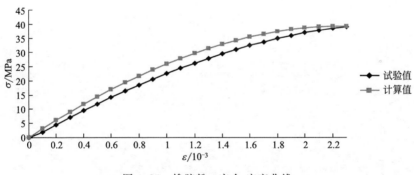

图 4.25　掺胶粉 c 应力-应变曲线

吻合，特别是掺胶粒 a 的计算结果与试验结果最为接近。即表明推导的本构方程式（4.5）是成立的。

第三节　本章结论

（1）在整体上，较基准混凝土，橡胶集料混凝土的应力-应变曲线要平缓，其峰值应变、原点切线弹性模量、割线弹性模量均降低。

（2）在相同粒径下，橡胶掺量越多，应力-应变曲线越平缓，且掺粗胶粒的混凝土比细橡胶粉的应力-应变曲线要陡；随着橡胶掺量增加，橡胶集料混凝土的峰值应变、原点切线弹性模量、割线弹性模量逐渐降低，且掺粗橡胶粒的混凝土较细橡胶粉的变化幅度要小。

（3）在相同掺量下，掺粗橡胶粒的混凝土较掺细橡胶粉的应力-应变试验点要偏高，且橡胶粒径越小，掺量越多，变化幅度越大；掺粗胶粒的混凝土较掺细橡胶粉的峰值应变、原点切线弹性模量、割线弹性模量要大，且掺量越多，变化幅度越大。

（4）废旧橡胶集料混凝土上升段本构方程为：

$$\sigma = f_{CRC}\left[A \times \left(\frac{\varepsilon}{\varepsilon_{CRC}}\right) + (2.912 - 1.976A) \times \left(\frac{\varepsilon}{\varepsilon_{CRC}}\right)^2 + (0.907A - 1.818) \times \left(\frac{\varepsilon}{\varepsilon_{CRC}}\right)^3\right],$$

本构系数 A 的计算公式为：$A = a\,e^{\rho(-2.57 + 5.35d - 1.54d^2)}$。

第五章　废旧橡胶集料混凝土的耐久性能

第一节　废旧橡胶集料混凝土的抗冻性能

一、概述

混凝土抗冻性是指混凝土材料抵抗冻融破坏的性能，也是混凝土耐久性设计的重要指标之一。在我国，不同区域的混凝土结构承受着不同程度的冻融破坏，其中以西北、华北和东北"三北"地区最为严重，最冷月平均气温约−8～−20℃左右，年均冻融次数在120次左右，给混凝土结构带来严重的冻融破坏，极大地影响了混凝土结构的寿命。本节探讨了混凝土冻融破坏机理，并系统地研究了3种掺量，3种粒径下橡胶集料混凝土的抗冻性能。

二、试验方法及步骤

（一）试验方法

试验共计10组，30个试块。试验参照《普通混凝土长期性能和耐久性能试验方法标准》(GB/T 50082—2009) 中的快冻法进行，试件尺寸均为100mm×100mm×400mm，具体材料的配合比和试件编号见表2.8。冻融试验机采用天津惠达实验仪器厂生产的 TDRF-I 型快速冻融试验机，见图5.1，动弹性模量测试采用北京鸿鸥成运建筑仪器厂生产的 TM-2 型动弹仪，见图5.2。

（二）试验步骤

（1）冻融试验前4天取出试件，然后浸泡在温度为20℃左右的水中，浸泡时，

图 5.1　快速冻融试验机

图 5.2　TM-2 型动弹仪

液面高出试件顶面 20mm 左右;

(2) 4 天后取出试件,用湿布擦除表面水分,称重,并测定横向基频的初始值,记录初始数据;

(3) 设置试件中心温度,分别控制在 $-17{\,}^{\circ}\!{C}$ 和 $5{\,}^{\circ}\!{C}$,开始试验;

(4) 每隔 25 次冻融循环后,取出试件,称量一次试块质量并测试一次动弹性模量,测试完后,迅速将试件调头重新装入试件盒内并加入清水,继续试验;

(5) 当试件相对动弹性模量下降到 60% 以下或者质量损失率达到 5%,该试件冻融试验完成,取出试件,补入新试件 (没有新试件补入足量砂石),继续试验,直至所有试件相对动弹性模量下降到 60% 以下或者质量损失率达到 5%。

三、试验结果及分析

(一) 数据采集及计算

1. 相对动弹性模量计算式

$$P_i = \frac{f_{ni}^2}{f_{0i}^2} \times 100 \qquad (5.1)$$

式中，P_i 为 N 次冻融循环后第 i 个混凝土试件的相对动弹性模量，％，精确至 0.1；f_{ni} 为 N 次冻融循环后第 i 个混凝土试件的横向基频，Hz；f_{0i} 为冻融循环前第 i 个混凝土试件横向基频的初始值，Hz。

$$P = \frac{1}{3}\sum_{i=1}^{3} P_i \qquad (5.2)$$

式中，P 为 N 次冻融循环后一组混凝土试件的相对动弹性模量，％，精确至 0.1。

相对动弹性模量应以三个试件试验结果的算术平均值作为测定值，且当数据中最大值或最小值与中间值之差大于 15％时，应剔除此数据；而当最大值和最小值与中间值之差均大于 15％时，应取中间值为测定值。

2.质量损失率计算式

$$\Delta W_{ni} = \frac{W_{0i} - W_{ni}}{W_{0i}} \times 100 \qquad (5.3)$$

式中，ΔW_{ni} 为 N 次冻融循环后第 i 个混凝土试件的质量损失率，％，精确至 0.01；W_{0i} 为冻融循环前第 i 个混凝土试件的质量，g；W_{ni} 为 N 次冻融循环后第 i 个混凝土试件的质量，g。

$$\Delta W_n = \frac{\sum_{i=1}^{3} \Delta W_{ni}}{3} \times 100 \qquad (5.4)$$

式中，ΔW_n 为 N 次冻融循环后一组混凝土试件的平均质量损失率，％，精确至 0.1。

3.混凝土抗冻等级

混凝土抗冻等级以相对动弹性模量下降至不低于 60％或者质量损失率不超过 5％时的最大冻融循环次数来确定，用符号 F 来表示。

其中每组试件平均质量损失率以三个试件质量损失率的平均值为测定值。当某个试验结果出现负值时应取 0，然后再取三个试件的平均值；当三个值中的最大值或最小值与中间值之差超过 1％时应剔出此数值，取剩余两个数据的平均值；而当最大值和最小值与中间值之差均大于 1％时，取中间值为测定值。

（二）试验数据及分析

在试验过程中发现，随着橡胶粒径的增大，混凝土试块表面剥落程度越来越严重，且橡胶集料混凝土即使表面剥落很严重，其动弹性模量还是很高，如掺量为 10％粒径由大至小的三组试件，在 150 次冻融循环后，其相对弹性模量仍有

图 5.3　试块表面剥落情况

77.2%、80.9%、84.8%。图 5.3 为掺量 10%的三种粒径由小至大的试件 150 次冻融循环后的照片。

橡胶集料混凝土质量损失率见表 5.1，表中负值表示质量增大。由表 5.1 可知，橡胶集料混凝土冻融循环后试块的质量大致呈先下降后上升，最后下降的趋势，可分为三个阶段。

表 5.1　橡胶集料混凝土经冻融循环后的质量损失率

冻融循环次数	试件编号									
	C_J	Ca-5	Ca-10	Ca-15	Cb-5	Cb-10	Cb-15	Cc-5	Cc-10	Cc-15
0	0	0	0	0	0	0	0	0	0	0
25	0.86	0.38	0.68	0.29	0.66	0.39	0.66	0.65	0.29	0.57
50	1.05	0.57	0.49	0.29	0.47	0.29	0.76	0.46	0.29	0.48
75	0.96	0.19	0.59	0	0.66	0.39	0.47	0.092	−0.19	0.38
100	−0.29	0.57	0.29	0.098	0.28	0	0.28	−0.28	−0.77	0
125	−0.19	0.57	−0.2	−0.49	0.19	−0.58	0.095	−0.74	−1.15	−0.67
150	−0.48	0.096	−0.49	−0.68	0.85	−1.07	−0.095	−1.2	−1.24	−0.86
175	1.38	−0.096	−0.29	0.88	0.95	−1.07	−0.47	−0.92	−0.29	−1.52
200	—	0.096	0.098	1.37	1.14	−1.26	−0.85	0.18	−1.05	−1.43
225	—	0.96	0.098	1.46	1.42	−0.97	−0.57	1.2	0.38	−0.95
250	—	—	0.96	—	—	0.097	—	—	1.24	0.76
275	—	—	—	—	—	0.97	—	—	1.63	—
300	—	—	—	—	—	—	—	—	1.91	—

（1）试验前期，试块内部裂纹较少，试块表面轻微剥落，导致试块质量轻微减少；

（2）试块内部出现大量裂纹，水分进入裂纹中，导致试块质量增加；

（3）试块破坏后，试块表面大面积剥落，试块质量减少。

混凝土试块的质量变化量较微小，质量损失率最大不超过 2%，实际在上述第二阶段中，试块出现大量剥落，但其质量并未减小，反而增大，国内外学者的一些研究也证实了此现象的存在，可见直接测量试块质量所得的质量损失并不能真正地反映出试块的表面破坏情况。据此，建议质量损失效仿盐冻法测量剥落物质量，能更准确地反映混凝土表面剥落破坏情况。

橡胶集料混凝土冻融循环后相对动弹性模量变化规律如图 5.4 所示。由图 5.4 可知，随着冻融循环次数的增加，混凝土的相对动弹性模量逐渐下降，且开始阶段混凝土的相对动弹性模量下降较为平缓，而接近破坏时，相对动弹性模量急剧下降，其主要原因是随着冻融循环次数的增加，试块内部裂纹逐渐增加，更多的水进入试块内部参与冻融破坏，加速了混凝土的冻融破坏。基准混凝土在 175 次冻融循环后，其相对动弹性模量下降到 57.9%，而在掺入橡胶后，其他各组均超过 175 次冻融循环，可见橡胶的掺入能改善混凝土的抗冻性。

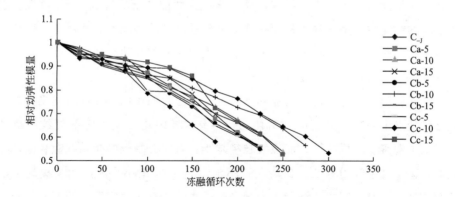

图 5.4　冻融循环后相对动弹性模量

图 5.5 为各组试件的抗冻等级。由图可知：掺 a 类橡胶粒组，掺量为 5% 时，其抗冻等级为 $F225$，掺量为 10% 时，其抗冻等级为 $F250$，掺量为 15% 时，其抗冻等级为 $F225$；掺 b 类橡胶粉组，掺量为 5% 时，其抗冻等级为 $F225$，掺量为 10% 时，其抗冻等级为 $F275$，掺量为 15% 时，其抗冻等级为 $F225$；掺 c 类橡胶粉组，掺量为 5% 时，其抗冻等级为 $F225$，掺量为 10% 时，其抗冻等级为 $F300$，掺量为 15% 时，其抗冻等级为 $F250$。由此可见，各系列橡胶集料混凝土抗冻性等级在掺入 10% 橡胶后达到最大，也就是说橡胶集料混凝土的最佳掺量在 10%，且随着橡胶粒径的减小，抗冻性等级逐渐变大，抗冻性逐渐增强，也就是上述橡胶集料混凝土在掺入 10%c 类橡胶粉时，其抗冻性最好。

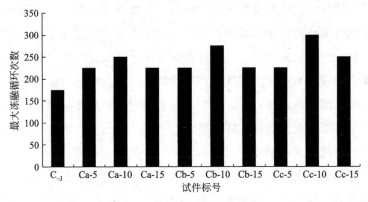

图 5.5　冻融循环后抗冻等级

四、机理分析及抗冻模型建立

(一) 机理分析

橡胶颗粒作为一种高分子材料,而水泥砂浆是一种无机材料,两者的物理化学形态均存在很大的差异,难以形成整体,存在天然的"薄弱界面",导致橡胶粒与集料之间的粘连性不是很好,从而在冻融循环过后,试件表面剥落严重,而细橡胶粉,由于粒径较小,很大程度上能够对混凝土试块内部孔隙起到填充作用,加大试块的密实度,因而其试块表面剥落较少。

另外橡胶颗粒作为弹性体,能起到缓冲膨胀压力的作用,在混凝土受力过程中形成结构变形中心吸收应变能,消耗能量,有效地阻止混凝土内部裂纹的继续扩展,提高了混凝土的抗冻性。而橡胶粒径越小,对于混凝土的初始孔隙缺陷填充作用越好,微小的橡胶粉颗粒能封堵孔径小于 150nm 的微小孔隙,大大提高了混凝土的密实度,同时也减少了混凝土内部多余的水分,在一定程度上能有效防止由于孔隙水结冰膨胀而导致混凝土试块内部出现裂纹最终破坏的情况。

同时橡胶的掺入引入了一定量的气泡,稳定、分布均匀的封闭微小气泡大大缓解了孔隙自由水冻结所带来的膨胀压力,提高了混凝土抗冻性能。

针对混凝土快速冻融试验,冻、融循环交替,温度由 −18℃ 至 5℃ 循环,应力不断加载、卸载,反复循环,混凝土内部损伤不断积累,混凝土内部裂纹扩展,因而基于断裂力学理论,并结合热力学原理以及 Paris 公式对混凝土冻融破坏进行探讨,以期为混凝土冻融破坏机理研究提供借鉴。

对于混凝土快速冻融试验,由于试件放置形式和冻融试验箱环境的特殊性,热量主要是沿着试件横截面上各同心点的等温面的法线方向由高至低传递,可近似认为混凝土试件沿纵向的温度分布相同,且距离混凝土表面相同深度处的温度相同,因而可将混凝土内部温度场问题简化为一维热传导问题，则可得到距离表面任意深度 $(R-k)$ 处的温度值 T_k，如式（5.5）所示。

$$T_k = T_0 e^{-c(R-k)} + T_1 \tag{5.5}$$

式中，T_0 为混凝土中心到外表面的温度差；T_1 为混凝土试件的中心温度；c 为温差分布曲线指数，冻融问题中 c 一般取 14。

材料本身是具有抵抗裂纹扩展的能力的，因此只有当拉伸应力足够大，裂纹才有可能扩展。因此抵抗裂纹扩展的能力可用表面自由能来度量。表面自由能 γ 定义为材料每形成单位裂纹面积 S 所需的能量 Q，其表达式如式（5.6）所示，其量纲与能量释放率 G 相同。

$$\gamma = \frac{Q}{S} \tag{5.6}$$

引进热流密度 q，即单位时间内通过单位面积的热量，其表达式如式（5.7）所示。

$$q = \frac{Q}{St} = \lambda(T_1 - T_2)/d \tag{5.7}$$

式中，λ 表示材料导热系数；T_1 表示热表面的温度；T_2 表示冷表面的温度；d 表示冷热面厚度。

在混凝土快速冻融试验中，距离表面任意深度 $(R-k)$ 处的热流密度为：

$$q_k = \frac{\lambda T_0 [1 - e^{-c(R-k)}]}{R-k} \tag{5.8}$$

那么混凝土经过时间 t 产生裂纹破坏在面积 S 上所通过的热量见式（5.9）。

$$\frac{Q}{S} = q_k t \tag{5.9}$$

根据能量守恒定律，裂纹发生扩展的必要条件是裂端区要释放的能量等于形成裂纹面积所需的能量，而在快速冻融循环的特殊条件下，任一面积 S 上吸收的热量等效于此面积 S 上所有裂端所释放的能量的集合，设单位面积上的单位裂端区为 n，n 为材料常数，其表达式如式（5.10）所示。

$$n\gamma = \frac{Q}{S} = q_k t \tag{5.10}$$

Griffith 断裂判据见式（5.11）。

$$G/2 = \gamma \tag{5.11}$$

联立两式可得能量释放率表达式见式（5.12）。

$$G = \frac{2q_k t}{n} \tag{5.12}$$

Griffith 利用 Inglis 的无限大平板带椭圆孔的弹性解析解得 Griffith 的能量释放率如式（5.13）所示。

$$G = \frac{\pi \sigma^2 a}{E} \tag{5.13}$$

那么 Griffith 裂纹的断裂判据如式（5.14）所示。

$$\sigma^2 a_c = \frac{GE}{\pi} \text{或者} \, a_c = \frac{GE}{\pi \sigma^2} \tag{5.14}$$

式中，σ 是无穷远处的均匀拉伸应力；E 是弹性模量；a_c 是试件发生断裂的临界裂纹长度。

结合式（5.12）和式（5.14）可得临界裂纹长度表达式如式 5.15。

$$a_c = \frac{2\lambda T_0 E t \left[1 - \mathrm{e}^{-c(R-k)} \right]}{n \pi \sigma^2 (R-k)} \tag{5.15}$$

当 a_c 小于式（5.15）中右侧式子时，此时的应力水平和裂纹长度，不足以产生断裂；反之，a_c 大于式（5.15）中右侧式子时，混凝土会表现出宏观的破坏。

混凝土是多相复合材料，因而必然存在着结合面，这些众多的结合面就隐含着大量的微裂缝，由于浇筑时混凝土的泌水作用和干燥期间水泥浆的收缩受到硬骨料的限制，这些隐蔽的结合面就形成微裂缝，即初始裂纹长度 a_0。

定义从初始裂纹长度 a_0 扩展到临界裂纹长度 a_c，所经历的冻融循环次数 N_c 称为疲劳裂纹扩展寿命。那么，要估算疲劳裂纹扩展寿命，必须首先确定在给定冻融循环作用下，试件发生断裂时的临界裂纹尺寸 a_c，由式（5.15）可知。

混凝土材料的最大特点是它的多相性质和不均匀性，在材料内部存在大量的微裂缝、空隙或杂质缺陷。经过冻融的多次反复作用，缺陷附近出现损伤，进而不断地积累，导致疲劳裂纹的扩展、贯通而最终破坏，因而引用 Paris 公式表示混凝土疲劳破坏，Paris 疲劳裂纹扩展公式也可表达为式（5.16）。

$$\frac{\mathrm{d}a}{\mathrm{d}N} = \psi(\Delta K, R) = \chi(f, \Delta \sigma, a, R, \cdots) \tag{5.16}$$

从初始裂纹长度 a_0 到临界裂纹长度 a_c 积分如式（5.17）所示。

$$\int_{a_0}^{a_c} \frac{\mathrm{d}a}{\chi(f, \Delta \sigma, a, R)} = \int_0^{N_c} \mathrm{d}N \tag{5.17}$$

则积分结果如式（5.18）所示。

$$\psi(f, \Delta \sigma, R, a_0, a_c) = N_c \tag{5.18}$$

对于含裂纹无限大的，f 为常数，两边积分，由 Paris 公式可得式（5.19）的表达式：

$$\int_{a_0}^{a_c} \frac{\mathrm{d}a}{(f\Delta\sigma\sqrt{\pi a})^m} = \int_0^{N_c} \mathrm{d}N \qquad (5.19)$$

积分求解得到式（5.20），如下。

$$N_c = \begin{cases} \dfrac{1}{C(f\Delta\sigma\sqrt{\pi})^m(0.5m-1)}\left(\dfrac{1}{a_0^{0.5m-1}} - \dfrac{1}{a_c^{0.5m-1}}\right) & m \neq 2 \\[4mm] \dfrac{1}{C(f\Delta\sigma\sqrt{\pi})^m}\ln\left(\dfrac{a_c}{a_0}\right) & m = 2 \end{cases} \qquad (5.20)$$

式中，C，m 为材料常数，即环境因素如湿度、介质等，可由实验数据拟合得到。

根据实测手段，如超声检测技术、X 射线，测量既定混凝土内部缺陷，即为初始裂纹长度 a_0，据式（3.22）计算出临界裂纹长度 a_c，代入式（5.20）即可得到裂纹扩展寿命，在工程实践中，若对某建筑进行寿命评估，将新测得的裂纹长度作为初始裂纹长度，代入上式，可对其剩余寿命进行评估。

联立式（5.15）、式（5-20）求解得到式（5.21），如下。

$$N_c = \begin{cases} \dfrac{1}{C(f\Delta\sigma\sqrt{\pi})^m(0.5m-1)}\left(\dfrac{1}{a_0^{0.5m-1}} - \left\{\dfrac{n\pi\sigma^2(R-k)}{2\lambda t T_0 E[1-\mathrm{e}^{-14(R-k)}]}\right\}^{0.5m-1}\right) & m \neq 2 \\[5mm] \dfrac{1}{C(f\Delta\sigma\sqrt{\pi})^m}\ln\left(\dfrac{2\lambda t T_0 E[1-\mathrm{e}^{-14(R-k)}]}{na_0\pi\sigma^2(R-k)}\right) & m = 2 \end{cases}$$

$$(5.21)$$

由式（5.21）可知，混凝土冻融循环疲劳裂纹扩展寿命 N_c 受热力学因素及一些相关材料系数影响，可见，引用断裂力学，运用能量守恒原则，避开了混凝土冻融破坏微观繁复的变化，使得混凝土的冻融破坏可用宏观的热力学公式来表达，更具实践意义，同时也为混凝土冻融破坏机理研究提供了一条崭新的可行的道路。

（二）抗冻模型建立

混凝土的冻融破坏是一个复杂的过程，国内外诸多学者均对冻融破坏机理进行了研究探讨，诸如静水压理论、渗透压理论、临界饱和程度理论、微冰晶透镜模型理论、热力学结晶压理论等。其中以静水压理论和渗透压理论广泛为人们所接受：静水压理论认为，水结晶后体积膨胀 9%，导致多余的水分被排出从而形成一个水力梯度，最终导致混凝土内部破坏；渗透压理论认为由于表面张力的作用将导致孔隙水不结冰，小孔隙中的过冷水的蒸气压力比毛细孔中冰的蒸气压力高，导致水分向结冰孔隙迁移，从而产生渗透压力。介于冻融破坏的复杂性，其机理迄今为止尚未取得统一的认识，且早期的研究也仅限于理论研究，缺乏相应的模型支撑，直至20世纪80年代才陆续的有理论模型问世，如李金玉模型、王立久模型等。

李金玉以含气量、水灰比以及粉煤灰掺量为变量建立了关于混凝土冻融循环次数的多元线性回归方程。

$$N = (A+1)^{1.5}\exp\left[-11.188\left(\frac{W}{C+F}-0.794\right)-0.01307F\right] \quad (5.22)$$

式中，N 为冻融循环次数；A 为混凝土含气量；$W/(C+F)$ 为水胶比；F 为粉煤灰掺量。

王立久根据慕儒和孙伟院士以及中国水利水电规划设计研究院李金玉等的相关研究，采用归一化方法，并首次提出混凝土抗冻因子 ω 并以此作为评判混凝土抗冻性的唯一标准，得到式（5.23）。

$$\frac{E}{E_0} = \left(1-\frac{N}{N_0}\right)^{\omega}\mathrm{e}^{\omega\frac{N}{N_0}} \quad (5.23)$$

式中，$\dfrac{E}{E_0}$ 为相对动弹性模量；N 为冻融循环次数；N_0 为极限冻融循环次数；ω 为抗冻因子。

关宇刚等引进损伤变量，建立了基于损伤力学的混凝土冻融循环累计损伤的数学模型。

$$D = 1 - \frac{E_i}{E_0} \quad (5.24)$$

式中，D 为混凝土冻融循环后的损失度；E_0、E_i 分别为混凝土初始动弹性模型和剩余动弹性模量。

根据《普通混凝土长期性能和耐久性能试验方法标准》，混凝土抗冻性评价指标以最大冻融循环次数 F 来表征。因而，本节以混凝土最大冻融循环次数为因变量，然而影响混凝土抗冻性的因素有很多，自变量的选取有待考究，包括孔隙结构、含气量、水灰比、外加剂、水泥品种等，其中以含气量和水灰比较为直观。

1.含气量

众所周知，增加含气量能够显著地提高混凝土的抗冻性能，稳定、分布均匀的封闭微小气泡大大缓解了孔隙自由水冻结所带来的膨胀压力，提高了混凝土抗冻性能，我国对于有抗冻等级要求的混凝土拌合物含气量均有明确规定。

2.水灰比

水灰比是混凝土配合比设计的重要参数之一，水灰比的大小直接影响着混凝土可冻水的多少，极大地影响着混凝土抗冻性能，一般情况下，混凝土水灰比越大，抗冻性能越差，我国对于有抗冻要求的混凝土结构的水灰比最大值均有严格要求。

因而本节选取含气量以及水灰比为自变量，参照中国水利水电科学研究院李金玉教授建立的粉煤灰混凝土抗冻性随水灰比、含气量以及粉煤灰掺量变化的经验模型，取粉煤灰掺量 F 为 0，则得到公式（5.25）。

$$N = (A+1)^{1.5} \exp\left[-11.188\left(\frac{W}{C}-0.794\right)\right] \qquad (5.25)$$

然而橡胶对于混凝土抗冻性能的影响，并不是仅仅带来了含气量的变化，同时橡胶颗粒本身作为弹性体，能起到缓冲膨胀压力的作用，是一个复杂的影响过程，并不能简单地以含气量来表征橡胶对于混凝土抗冻性能的影响，因而定义橡胶作用函数 S 来表征含气量以及橡胶对于混凝土抗冻性的影响，从而对李金玉模型进行修正，其中 S 随橡胶掺量以及橡胶粒径的变化而变化。则橡胶集料混凝土抗冻破坏模型为公式（5.26）。

$$N = (S+1)^{1.5} \exp\left[-11.188\left(\frac{W}{C}-0.794\right)\right] \qquad (5.26)$$

然而橡胶影响函数并没有已知成型的数学模型，拟合公式的选取极大地限制了 Origin、SPSS 等数学软件的使用精度，模型参数初始值定义不当更是导致计算结果很难收敛，特别是对于大多数非数学专业的科研工作者来说精确地给出众多参数初始值是比较困难的，因而本节选用 1stOpt，依靠其自身全局优化算法，从随机值出发，求得最优方程。

选取准牛顿法（BFGS）对试验数据进行全局分析，利用通用全局优化算法取拟合度最高的一组拟合公式，模型相关数据如表 5.2 所示，最优拟合结果如图 5.6 所示。

表 5.2　模型相关数据

编号	水灰比	橡胶掺量/(kg/m³)	橡胶粒径/mm	最大冻融循环次数
C-J	0.39	0	0	175
Ca-5	0.39	15.35	3	225
Ca-10	0.39	30.7	3	250
Ca-15	0.39	46.05	3	225
Cb-5	0.39	12.04	0.47	225
Cb-10	0.39	24.08	0.47	275
Cb-15	0.39	36.12	0.47	225
Cc-5	0.39	10.93	0.22	225
Cc-10	0.39	21.86	0.22	300
Cc-15	0.39	32.79	0.22	250

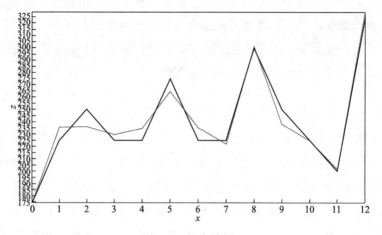

图 5.6 拟合结果

最优拟合方程如式（5.27）所示。

$$S=\frac{1.527-0.047x_1+0.000787x_1^2-5.645x_2+10.376x_2^2-2.808x_2^3}{1-0.03x_1+0.00052x_1^2-3.961x_2+7.139x_2^2-1.932x_2^3} \quad (5.27)$$

其 $R^2=0.918$。

拟合结果如表 5.3 所示，可见拟合度较高。将式（5.27）代入式（5.26）得到橡胶集料混凝土抗冻性模型如式（5.28）所示。

$$N=\left(\frac{1.527-0.047x_1+0.000787x_1^2-5.645x_2+10.376x_2^2-2.808x_2^3}{1-0.03x_1+0.00052x_1^2-3.961x_2+7.139x_2^2-1.932x_2^3}+1\right)^{1.5}\exp$$

$$\left[-11.188\left(\frac{W}{C}-0.794\right)\right] \quad (5.28)$$

表 5.3 拟合结果

试件编号	试验结果	模拟结果
C_{-J}	175	174.26
Ca-5	225	235.71
Ca-10	250	236.26
Ca-15	225	229.62
Cb-5	225	234.75
Cb-10	275	264.55
Cb-15	225	235.39
Cc-5	225	221.96
Cc-10	300	301.30
Cc-15	250	238.23

选取王涛、刘伟等数据进行模型验证，结果见表 5.4，可见模型的一般可行性较高，具备一定的理论推广价值。

表 5.4　模型验证数据

数据来源	水灰比	橡胶掺量/(kg/m³)	橡胶粒径/mm	观测值	计算值
王涛等的数据	0.44	30	0.18	225	224.8977
	0.44	60	0.18	200	201.9402
刘伟等的数据	0.40	30	0.12	325	329.1162

第二节　废旧橡胶集料混凝土的抗氯离子渗透性能

一、概述

Mehta 教授在第二届混凝土耐久性会议中指出当今混凝土破坏的主要原因是钢筋锈蚀、冻害、侵蚀的物理化学作用。而氯离子侵蚀引起的混凝土钢筋去钝化带来的钢筋锈蚀现象最为直接、普遍且严重，在我国以沿海地区，盐泽湖地区以及北方路面为最，大大地影响了混凝土结构的使用寿命，带来了严重的经济损失。本节系统地研究了 3 种粒径（a、b、c），3 种掺量（5%、10%、15%），2 种冻融循环次数（50、100）下橡胶集料混凝土的抗氯离子渗透性能。

二、试验方法及步骤

(一) 试验方法

试验共计 10 组，90 个试块。试验参照《普通混凝土长期性能和耐久性能试验方法标准》（GB/T 50082—2009）中的电通量法进行，试件均为 $\phi100mm \times 50mm$ 的圆柱体，材料配合比和试件编号见表 2.8。真空饱水机采用中国建筑科学研究院生产的 CABR-BSY 型真空饱水仪；电通量试验采用的是中国建筑科学研究院生产的 CABR-RCP9 型混凝土氯离子电通量测定仪，各仪器见图 5.7～图 5.9。

(二) 试验步骤

(1) 先将养护到 28d 龄期的试件暴露于空气中至表面干燥，然后用环氧树脂均匀涂抹在试件圆柱面上且填补试件表面空洞，确保完全密封，如图 5.10 所示；

(2) 将处理好的试件进行真空饱水，使不同掺量橡胶的混凝土处于相同的基准平台，以便比较最终电通量，见图 5.11；

(3) 从饱水机中取出试件，抹掉多余水分，且保持试件所处环境的相对湿度在 95% 以上，将试件安装于试验槽内拧紧，并用蒸馏水检查试件和试验槽之间的密封性能；

图 5.7　电通量试验装置（一）

图 5.8　电通量试验装置（二）

图 5.9　混凝土真空饱水仪

废旧橡胶集料混凝土

图 5.10　环氧树脂处理后的试件

图 5.11　真空饱水试件摆放

（4）将物质的量浓度为 0.3mol/L 的 NaOH 溶液和质量分数为 3.0％的 NaCl 溶液分别注入试件两侧试验槽的正负极中；

（5）接通电源，连通电脑，按说明设置试验参数，开始试验；

（6）6h 后试验结束，及时排出试验溶液，用凉开水和洗涤剂仔细冲洗试验槽 60s，再用蒸馏水洗净并用电吹风吹干。

三、试验结果及分析

（一）数据采集及计算

（1）试验结束后绘制电流与试件关系图，将各点数据以光滑曲线连接起来，并对曲面面积积分，得到试验 6h 通过的电通量，C。

（2）每个试件的总电通量简化计算式如式（5.29）所示。

$$Q = 900(I_0 + 2I_{30} + 2I_{60} + \cdots + 2I_t + \cdots + 2I_{330} + 2I_{360}) \qquad (5.29)$$

式中，Q 为通过试件的总电通量，C；I_0 为初始电流，A，精确到 0.001A；I_t 为在 t 时间的电流，A，精确到 0.001A。

（3）计算得到的总电通量换算成直径为 95mm 试件的电通量值，如式（5.30）所示。

$$Q_s = Q_x \times (95/x)^2 \qquad (5.30)$$

式中，Q_s 为通过直径为 95mm 试件的电通量，C；Q_x 为通过直径为 x 试件的电通量，C；x 为试件的试件直径，mm。

每组取 3 个试件电通量的平均值作为测定值，且当数据中最大值或最小值与中间值之差大于 15%时，应剔除此数据，取剩余 2 个数据的平均值作为测定值；而当最大值和最小值与中间值之差均大于 15%时，取中间值为测定值。

（二）试验数据及分析

试验 6h 后各组电通量见表 5.5，变化规律见图 5.12。随着橡胶的掺入，各组混凝土电通量较基准组均有不同程度的降低，可见橡胶的掺入能够有效地提高混凝土的抗氯离子渗透性能；且随着橡胶掺量的增大，电通量也随之增加，抗氯离子渗透性能下降，可见其最佳掺量为 5%；当橡胶掺量不超过 5%时，随着掺入橡胶粒径的减小，电通量减小，抗氯离子渗透性能加强，而当橡胶掺量超过 5%时，呈现出相反的趋势。

表 5.5　混凝土电通量

橡胶掺量	电通量/C		
	橡胶 a	橡胶 b	橡胶 c
0	2234.9	2234.9	2234.9
5	1570.2	1553.6	1505.8
10	1693.2	1811.3	1679.9
15	1734.9	1821.1	1852

四、机理分析及氯离子渗透模型建立

（一）机理分析

橡胶的掺入具有引气作用，从微观角度来讲，水（H_2O）为极性分子，橡胶颗粒主要成分为天然橡胶（C_5H_8），为非极性分子，当橡胶颗粒与水接触，由于水分子固有偶极对橡胶非极性分子电子云产生了吸引，使得橡胶非极性分子电子云与其原子核发生相对位移，从而产生了诱导偶极，与水分子的固有偶极之间发生了相互作用产生了诱导力，而水分子作为极性分子其本身之间存在着相互取向力，使得

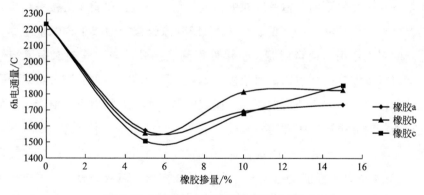

图 5.12　混凝土电通量随橡胶掺量变化图

水分子按异极相邻状态取向，见图 5.13。根据杨氏润湿方程，当橡胶非极性分子与水分子之间的诱导力足够大时，分子间排斥力占主导作用，水分子呈现延展趋势，在与橡胶接触面上形成水膜，此时水与橡胶的接触角小于 90°，水分能够润湿橡胶，反之，当橡胶非极性分子与水分子之间的诱导力较微小时，分子间引力占主导作用，橡胶与水分子之间呈收缩状态，水分难以在橡胶表面铺展，此时水接触角大于 90°，水分难以润湿橡胶，导致空气随橡胶一同引入混凝土，见图 5.14。橡胶粒径越小，表面越粗糙，水接触角越大，引气效果越好。

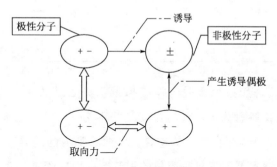

图 5.13　极性分子与非极性分子交互作用

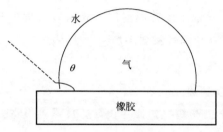

图 5.14　水接触角 θ

大量试验研究也证明了橡胶颗粒的引气作用，梁金江等更是直接量化反映橡胶掺量与混凝土含气量的关系，见表5.6，且随着橡胶粒径的减小含气量增加。正是因为橡胶的引气作用，使得混凝土抗渗性得到了提升，与引气剂取得了相似的效果，伴随着橡胶颗粒一同引入的气泡极大地影响了混凝土内部孔隙分布以及孔之间的相互连通性，加大了渗透的曲折度。杨淑雁等针对孔结构对引气混凝土抗氯离子渗透性影响的研究也证实了此点，其研究表明：含气量的最佳掺量为5.1%，当含气量在5.1%以内，抗氯离子渗透性能受孔径小于$1\mu m$的孔控制；当含气量超过5.1%，抗氯离子渗透性能受孔径大于$1\mu m$的孔控制。而橡胶集料混凝土也正好表现出了相似的效应：橡胶集料混凝土最佳的掺量为5%，等效于含气量最佳的掺量，当橡胶掺量不大于5%时，混凝土抗氯离子渗透性受到小孔径孔的影响，因而掺入细颗粒橡胶的混凝土表现出更加优异的抗氯离子渗透性能，而当橡胶掺量大于5%时，气泡出现连涌现象，孔隙直径增大，抗氯离子渗透性能反而降低。

表 5.6 橡胶掺量与含气量的关系

橡胶掺量/(kg/m³)	含气量/%
7.54	2.607~2.734
15.08	3.237~3.322
26.39	4.183~4.404
37.7	5.007~5.286
45.24	5.947~5.559

然而，本书5%橡胶掺量等效于橡胶掺量$15kg/m^3$左右，结合梁金江等的数据，不难发现，橡胶掺量为5%时的含气量并不为5%，而是不到3.5%，与杨淑雁等的最佳含气量5.1%存在一定的差异。而两者唯一的差异在于橡胶本身，因此可以推断，橡胶的掺入不仅仅只是简单的引气剂，而橡胶本身也影响着混凝土内部孔隙的分布及连通性，从而提高混凝土的抗氯离子渗透性能。也就是说，橡胶集料混凝土能够以较小的含气量得到普通混凝土相对较大含气量时的抗氯离子渗透性能，这也就意味着在提升相同抗氯离子渗透性能情况下，橡胶集料混凝土的强度损失要小于引气混凝土。

(二) 氯离子渗透模型建立

多年来，几乎多以Fick第二定律［式(5.31)］为基础来描述氯离子从混凝土表面不断侵入混凝土内部的过程，此时假定混凝土氯离子扩散问题为半无限介质中的一维问题。

$$\frac{\partial c}{\partial t} = D \frac{\partial^2 c}{\partial x^2} \tag{5.31}$$

式中，c 为距离混凝土表面 x 处氯离子的总浓度；%；t 为混凝土结构在氯盐环境中暴露的时间；D 为氯离子扩散系数。

欧进兴等基于 Fick 第二定律，综合考虑混凝土氯离子结合能力、氯离子扩散系数的时间依赖性和对结构缺陷的影响，得出了混凝土在氯盐环境中的使用寿命，如式（5.32）所示。

$$t = \left[\frac{(1+R)(1-m)x^2}{4KD_0 t_0^m \, \mathrm{erfc}^2 \left(\dfrac{c_s - c_{\mathrm{cr}}}{c_s - c_0} \right)} \right]^{\frac{1}{1-m}} \tag{5.32}$$

式中，R 为混凝土氯离子结合能力；m 为时间依赖参数；K 表示混凝土内部缺陷；erfc 是反误差函数，$\mathrm{erfc}\,(z) = 1 - \mathrm{erf}\,(z)$；$c_{\mathrm{cr}}$ 为临界氯离子浓度。

鉴于理论模型的成熟性，故不再赘述。而混凝土本身是一种多相复合材料，从而导致其抗氯离子渗透性能的影响因素也较多且复杂，诸如水灰比、温湿度、外加剂、粉煤灰等。

Stephen 等依据 Nernst-Einstein 方程建立了混凝土氯离子扩散系数与环境温度之间的关系式，如式（5.33）所示。

$$D_2 = D_1 \left(\frac{T_2}{T_1} \right) \exp \left[q \left(\frac{1}{T_1} \right) - \frac{1}{T_2} \right] \tag{5.33}$$

式中，D_1、D_2 分别为温度 T_1、T_2 时的氯离子扩散系数；q 为活化常数，其值与水灰比有关，水灰比为 0.4、0.5、0.6 时 q 值分别相应地取为 6000、5450、3850。

余洪发等以氯离子扩散试验数据为基础，拟合得到混凝土氯离子扩散系数与水灰比的线性关系式，如式（5.34）所示。

$$D = 34.766 \mathrm{W/C} - 6.488 (10^{-8} \, \mathrm{cm}^2/\mathrm{s}) \tag{5.34}$$

美国 ASI365 委员会建立对于 28d 龄期的普通硅酸盐水泥混凝土的抗氯离子渗透性简化模型，如式（5.35）所示。

$$D_{28} = 10^{(-12.06 + 2.4 \mathrm{W/B})} \tag{5.35}$$

式中，D_{28} 为 28d 龄期普通硅酸盐水泥混凝土氯离子渗透系数；W/B 为水胶比。

余洪发等建立混凝土表观氯离子扩散系数与粉煤灰掺量之间的定量关系，如式（5.36）所示。

$$k_F = D/D_{FO} = 3.81(m_F/m_{F+C})^2 - 2.24(m_F/m_{F+C}) + 0.99 \quad (5.36)$$

式中，m_F 为单位体积混凝土中粉煤灰的质量；m_{F+C} 为单位体积混凝土中总胶凝材料的质量。

因而在模型建立过程中要面面俱到地考虑到所有的影响因素是比较困难且不符合实际的，且过于复杂的模型在实际工程中运用价值较小。

比如 Luciano 和 Miltenberge 等充分考虑各混凝土抗氯离子渗透性能影响因素，依据大量试验研究提出的一种预测混凝土氯离子扩散系数的方法，如式（5.37）所示。

$$D = 5.76 + 5.810x_1 - 0.576x_2 - 1.323x_3 + 0.740x_4 - 2.117x_5 - 2.708x_6 + 0.254x_7$$
$$- 0.386x_8 + 1.071x_1x_4 - 2.891x_1x_6 - 1.053x_4x_6 \quad (5.37)$$

式中，$x_1 =$（水胶比 $W/B - 0.45$）$/0.2$；$x_2 =$（胶凝材料 $B - 42.5$）$/175$；$x_3 =$（硅灰占 B 的质量分数 -5）$/5$；$x_4 =$（粉煤灰占 B 的质量分数 -22.5）$/22.5$；$x_5 =$（矿渣粉占 B 的质量分数 -35）$/35$；$x_6 = \lg$（养护天数 -2）$/3$；$x_7 =$（养护温度 $/$ -24）$/14$；$x_8 = 1$（粗骨料为碎石），0（粗骨料为卵石）。

而混凝土抗氯离子渗透性能很大程度上取决于混凝土密实度，而水灰比则是直观反映混凝土密实度的重要指标，水灰比越大，混凝土密实度越差，抗氯离子渗透性能越差。

因而本书以美国 ASI365 委员会对于 28d 龄期普通硅酸盐水泥混凝土的抗氯离子渗透性简化模型［式（5.35）］为依据，建立相关橡胶集料混凝土模型。然而随着橡胶的掺入极大地影响了混凝土抗氯离子渗透性，因而提出橡胶掺入的修正方程 S（S 随橡胶掺量以及粒径而变化）对上述模型进行修正，从而得出适用于橡胶集料混凝土的数学模型，如式（5.38）所示。

$$D_{28} = S \times 10^{(-12.06 + 2.4W/B)} \quad (5.38)$$

混凝土电通量大小直观地反映了混凝土抗氯离子渗透性能的好坏，见表 5.7，而氯离子渗透性系数则是从微观的角度更为细致地表述了氯离子对混凝土渗透的过程，两者之间存在很大的相关性，清华大学冯乃谦教授经过回归分析得到了导电量与扩散系数之间的关系式，如式（5.39）所示。

$$D = 2.57765 + 0.00492Q \quad (5.39)$$

式中，D 为氯离子扩散系数；$10^{-9} \text{cm}^2/\text{s}$；$Q$ 为混凝土 6h 电通量，C。

据此推算本书氯离子扩散系数，见表 5.8。

表 5.7　SATMC1202 氯离子渗透性分级标准

电通量/C	氯离子渗透性
大于 4000	高
2000～4000	中等
1000～2000	低
100～1000	很低
小于 100	可忽略

表 5.8　各组试件氯离子扩散系数

试件组	橡胶掺量/(kg/m³)	橡胶粒径/mm	电通量/C	氯离子扩散系数/(10^{-9}cm²/s)
C_J	0	0	2234	13.56893
Ca-5	15.35	3	1570	10.30205
Ca-10	30.7	3	1693	10.90721
Ca-15	46.05	3	1735	11.11385
Cb-5	12.04	0.47	1554	10.22333
Cb-10	24.08	0.47	1881	11.83217
Cb-15	36.12	0.47	1821	11.53697
Cc-5	10.93	0.22	1506	9.98717
Cc-10	21.86	0.22	1680	10.84325
Cc-15	32.79	0.22	1852	11.68949

然而橡胶掺入的修正方程只是一个假设方程，并没有已知模型给予参考，因而本书选取 1stOpt，依靠其强大的自身全局优化算法以及无须定义方程模型和方程参数的便利性，从而选取最优方程。本书水灰比常数为 0.39，选取准牛顿法（BFGS）对试验数据进行全搜索，然后利用通用全局优化法取拟合度最高的函数方程，见式（5.40）：

$$S=\frac{0.181+1.468a-0.145a^2+0.00348a^3+6.484b}{1+10.813a-1.037a^2+0.042a^3+42.64b+1.297b^2}(R^2=0.99)\quad(5.40)$$

式中，a 为橡胶掺量；b 为橡胶粒径。

将式（5.40）代入式（5.38），得到橡胶集料混凝土抗氯离子渗透性数学模型，见式（5.41）。

$$D=\frac{0.181+1.468a-0.145a^2+0.00348a^3+6.484b}{1+10.813a-1.037a^2+0.042a^3+42.64b+1.297b^2}10^{(-12.06+2.4W/B)}$$

$$(5.41)$$

计算值与试验结果见表5.9，拟合度高达0.99，可见此数学模型能够很好地反映抗氯离子渗透试验数据。

表 5.9　计算结果

试件编号	试验值	计算值
C-J	13.56893	13.56888
Ca-5	10.30205	10.28202
Ca-10	10.90721	10.94158
Ca-15	11.11385	11.09517
Cb-5	10.22333	10.2222
Cb-10	11.83217	11.83554
Cb-15	11.53697	11.50644
Cc-5	9.98717	9.988352
Cc-10	10.84325	10.8629
Cc-15	11.68949	11.71344

五、冻融循环与氯离子侵蚀的偶合作用

(一) 试验结果

尽管已经对橡胶集料混凝土抗冻性以及抗氯离子渗透性能进行了系统的研究，然而实际工程实践当中，混凝土结构所面临的并不是单一的抗冻性或者抗氯离子渗透性能，比如北方路面，不仅受到冻害影响，还受到除冰盐所引入的氯离子侵蚀的影响或是更多其他因素影响，因而仅仅依靠单因素试验结果来解决实际工程面临的诸多因素问题是不准确的，而大量试验也证明了混凝土结构在冻融和氯离子共同作用下的劣化速率要远大于它们任意单一因素作用下的劣化速率的加和，而并不是简单的"1+1"。

因而对抗氯离子渗透性能进行了更深一步的研究，对比探讨了未受冻与50、100次冻融循环后各混凝土的电通量变化规律，以期对工程实践提供理论依据。

随着冻融循环次数的增加，各组试件电通量均呈现不同幅度的增长，见表5.10。可见冻融对混凝土抗氯离子渗透性存在劣化效应；而在冻融初期，电通量的增长率相差不大，仅掺量为10%时增长率明显降低，这也刚好符合冻融最优掺量为10%，随着冻融的深入，橡胶的作用逐渐突显出来，各组混凝土（除去掺量15%的组）电通量增长率明显低于基准混凝土，且以掺量为10%时尤为突出，而当橡胶掺量为15%时，电通量的增长幅度基本大于基准组，可见橡胶掺量不宜超过15%，橡胶的掺入能够有效地抑制冻融对混凝土抗氯离子渗透性能的劣化影响，而其中以掺量10%的抑制效果为佳。

侧面反映了橡胶掺量为10%时，混凝土抗冻性得到了最大幅度的提升，从而有效抑制了冻融对抗氯离子渗透性能的劣化。由此可见，在单一考虑抗氯离子渗透性能时，橡胶集料混凝土橡胶的最佳掺量为5%，而当同时考虑抗氯离子渗透性以及抗冻性时，橡胶集料混凝土橡胶的最佳掺量为10%。

很大原因在于随着冻融循环次数的增加，混凝土孔隙中渗透压逐渐加大，使得混凝土原始孔隙增大或是直接生长新的裂纹，从而导致混凝土孔隙率增大，抗渗性能降低，电通量加大，而10%的橡胶掺量能够最大限度地提升混凝土的抗冻性能，随着冻融次数的增加，橡胶掺量10%组混凝土表现出了优于其他各组的抗氯离子渗透性能。

表 5.10 各混凝土随冻融次数增加电通量变化量

试件编号	橡胶掺量/(kg/m³)	电通量/C				
		0 次冻融	50 次冻融	增长率	100 次冻融	增长率
C-J	0	2234	2879	0.29	3689	0.65
Ca-5	15.35	1570	2115	0.35	2495	0.59
Ca-10	30.7	1693	2167	0.28	2365	0.4
Ca-15	46.05	1735	2395	0.38	2994	0.73
Cb-5	12.04	1554	2063	0.33	2533	0.63
Cb-10	24.08	1881	2175	0.16	2496	0.33
Cb-15	36.12	1821	2431	0.33	2938	0.61
Cc-5	10.93	1506	1787	0.19	2687	0.78
Cc-10	21.86	1680	1950	0.16	2323	0.38
Cc-15	32.79	1852	1964	0.06	3089	0.67

（二）劣化模型建立

随着冻融循环次数的增加，应力不断加载、卸载，反复循环，混凝土内部损伤不断积累，混凝土内部微裂纹逐渐增多，直观表现为混凝土动弹性模量下降，损伤力学则能够有效地评价这种疲劳演化，以静力弹性模量定义混凝土损伤度早已成为混凝土损伤研究中的常规手段，因而等效于静力弹性模量损伤度的定义，由损伤力学可知，混凝土冻融损伤度如式（5.42）所示。

$$D = 1 - \frac{E_N}{E_0} \tag{5.42}$$

式中，E_N 和 E_0 分别为混凝土剩余动弹性模量和初始动弹性模量；D 为混凝土冻融损伤度。

混凝土动弹性模量的损失实质上可以看作是混凝土的一种衰变过程，衰变量即为损伤量，长江科学院刘崇熙等建立混凝土动弹性模量衰变模型，如式（5.43）所示。

$$E_N = E_0 e^{-\lambda N} \tag{5.43}$$

式中，N 为冻融循环次数；λ 为常数（与冻融温度变化、介质、材料参数等有关）。

上两式联立可得式（5.44）。

$$D = 1 - e^{\lambda N} \tag{5.44}$$

冻融带来的混凝土劣化加速了混凝土氯离子侵入，中国科学研究院海洋研究所孙丛涛等建立了冻融损伤对混凝土氯离子渗透系数影响的数学模型，如式（5.45）所示。

$$D_N = D_0 e^{0.1072D} \tag{5.45}$$

式中，D_N 为 N 次冻融循环后混凝土氯离子扩散系数；D_0 为未冻融混凝土氯离子扩散系数。

将式（5.44）代入式（5.45）得到式（5.46）。

$$D_N = D_0 e^{0.1072(1 - e^{\lambda N})} \tag{5.46}$$

然而对于橡胶集料混凝土而言，随着不同橡胶粒径以及掺量的橡胶的掺入，混凝土性能发生了极大的变化，因而 λ 不为常数，而在本书实验室条件下，外在条件相同，因而 λ 随橡胶掺量以及粒径变化而变化。

依据式（5.45）计算各组试件氯离子渗透系数，见表 5.11，将试验数据以及计算数据代入式（5.46），分别计算得出 50 和 100 次冻融循环后各组试件的 λ 值，见表 5.12，由表可知，λ 存在一定差异，很大程度上是由于各研究公式拟合度上的误差累积以及试验误差，因而本书取两者平均值作为自变量，进而对式（5.46）进行修正得出橡胶集料混凝土冻融损伤后氯离子渗透模型。

表 5.11　橡胶集料混凝土材料系数 λ

试件编号	$\lambda/10^{-4}$		
	$N=50$	$N=100$	平均值
C-J	-3.96	-4.09	-4.025
Ca-5	-4.35	-3.42	-3.885
Ca-10	-3.57	-2.46	-3.015
Ca-15	-4.72	-4.19	-4.455
Cb-5	-4.14	-3.71	-3.925
Cb-10	-2.07	-2.17	-2.12
Cb-15	-4.35	-3.71	-4.03
Cc-5	-2.43	-3.89	-3.16
Cc-10	-2.07	-2.36	-2.215
Cc-15	-0.94	-4	-2.47

表 5.12　各组试件抗氯离子渗透系数

试件编号	抗氯离子渗透系数/($10^{-9}cm^2/s$)		
	0 次冻融	50 次冻融	100 次冻融
C_{-J}	20.73	16.74	13.57
Ca-5	14.85	12.98	10.30
Ca-10	14.21	13.24	10.91
Ca-15	17.31	14.36	11.11
Cb-5	15.04	12.73	10.22
Cb-10	14.86	13.28	11.83
Cb-15	17.03	14.54	11.54
Cc-5	15.08	11.37	9.99
Cc-10	14.01	12.17	10.84
Cc-15	17.78	12.24	11.69

选取 1stOpt 进行数据全面分析，选取标准差分进化算法得到最优拟合方程，见式（5.47）。

$$\lambda = \frac{4.03 - 0.74a + 0.028a^2 - 4.17 + 0.47b^2}{1 - 0.13a + 0.0059a^2 - 5.12b + 7.48b^2 - 2.02b^3} \quad (R^2 = 0.99) \quad (5.47)$$

与式（5.46）联立得：

$$D_N = D_0 e^{0.1072(1 - e^{\frac{4.03 - 0.74a + 0.028a^2 - 4.17b + 0.47b^2}{1 - 0.13a + 0.0059a^2 - 5.12b + 7.48b^2 - 2.02b^3}N})} \quad (5.48)$$

第三节　废旧橡胶集料混凝土的抗碳化性能

一、概述

混凝土碳化是指环境中游离的 CO_2 渗入混凝土与其内部碱性物质发生化学反应，从而使得混凝土碱性降低，导致钢筋钝化膜破坏从而使钢筋锈蚀的过程，也是混凝土耐久性的重要指标之一。随着工业化的迅猛发展，二氧化碳排放量逐年增多，混凝土碳化带来的钢筋锈蚀已成为一个不可忽视的耐久性问题，这导致了严重的经济损失。本节探讨了混凝土碳化机理，并试验研究了 3 种橡胶粒径、3 种橡胶掺量下混凝土抗碳化性能。

二、试验方法及步骤

(一) 试验方法

试验共计 10 组，30 个试块，试验参照《普通混凝土长期性能和耐久性能试验方法标准》(GB/T 50082—2009）中碳化试验进行，试件均为 100mm×100mm×400mm 的棱柱体，材料配合比和试件编号见表 2.8。混凝土碳化试验箱见图 5.15。

图 5.15　混凝土碳化试验箱

(二) 试验步骤

(1) 将各碳化试件标准养护 28d 后取出，置于 60℃烘干箱中 48h；

(2) 对经过烘干处理的试件，留下两个相对的侧面，其余各面用加热的石蜡油进行密封，并在两个留下的相对面上沿长度方向用铅笔以 10mm 间距画平行线作为碳化深度测量点，如图 5.16 和图 5.17 所示；

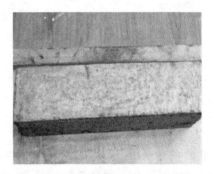

图 5.16　试件表面划线　　　　图 5.17　石蜡处理过的试件表面

(3) 将处理好的试件置于碳化箱内的铁架上，试件间距不小于 50mm，如图 5.18 所示；

(4) 密封碳化箱，设置试验参数，二氧化碳浓度为 (20±3)%，湿度为 (70±5)%，温度为 (20±2)℃，开始碳化试验，定期检查二氧化碳钢瓶和加湿器 (图 5.19)，确保二氧化碳浓度以及碳化箱内湿度适宜，如若用完，应及时更换，保证试验的连续性；

图 5.18　试件摆放

图 5.19　加湿器

（5）碳化到 3d、7d、14d、28d，分别取出试件，采用混凝土切割机进行破型，切除深度为 50mm，如图 5.20、图 5.21 所示。

图 5.20　混凝土切割

图 5.21　混凝土切割机

三、试验结果及分析

(一) 碳化深度测定

清除所得断面的表面残存的粉末及泥浆，随即喷上浓度为 1% 的酒精酚酞溶液，30s 后，按预先所画线处进行测量 (图 5.22)。如果测量点处的碳化分界线上刚好嵌有粗骨料颗粒，则取该颗粒两侧处碳化深度的平均值作为该点的深度值。碳化深度测量精确至 1mm。

图 5.22 碳化

(二) 数据计算

(1) 混凝土平均碳化深度按式 (5.49) 计算。

$$\overline{d_t} = \frac{\sum_{i=1}^{n} d_i}{n} \tag{5.49}$$

式中，$\overline{d_i}$ 为混凝土试件碳化 t 天后的平均碳化深度，精确至 0.1mm；d_i 为各测量点的碳化深度；n 为测量点总数。

(2) 取每组 3 个试件的算术平均值作为测定值。

(3) 绘制混凝土碳化时间与碳化深度的关系曲线，以确定混凝土碳化发展规律。

(三) 试验数据及分析

各组橡胶集料混凝土各碳化龄期、碳化深度具体数据见表 5.13，碳化时间与碳化深度的关系曲线见图 5.23。

表 5.13　橡胶集料混凝土碳化深度试验数据

试件编号	碳化深度/mm			
	3d	7d	14d	28d
C_{-J}	3.2	5.2	7.6	9.9
Ca-5	3.1	5.7	7.8	9.5
Ca-10	3.5	5.6	7.9	9.3
Ca-15	3.8	5.6	7.4	9.7
Cb-5	3.6	5.7	8.1	9.2
Cb-10	4	6.2	7.8	8.9
Cb-15	4.2	5.5	7.1	9.9
Cc-5	3.7	5.2	6.7	9.6
Cc-10	4.1	6.1	7.8	8.5
Cc-15	4.8	6.2	8.7	10.8

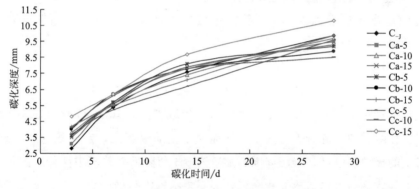

图 5.23　碳化时间与碳化深度的关系曲线

由图 5.23 可知碳化深度与碳化时间的曲线大致符合幂函数关系，这也刚好符合碳化深度随时间变化的一般规律，碳化初期碳化速度较快，当碳化达到一定程度，碳化速度逐渐减缓。

由表 5.13 可知，碳化初期（3d），基准混凝土碳化深度不到 3mm，随着橡胶的掺入，各橡胶集料混凝土初期碳化深度均大于普通混凝土，且随着粒径的减少呈增大趋势，可见橡胶的掺入降低了混凝土初期抗碳化性。

而随着碳化龄期的深入，各碳化深度呈增长趋势，主要体现在碳化龄期由 7d 增长到 14d，但增长幅度随橡胶掺量以及粒径的不同而各有差异，橡胶集料混凝土碳化增长幅度要小于普通混凝土，而其中以橡胶掺量为 10％的效果较为明显，28d 碳化深度的基本要小于基准混凝土，且随着橡胶粒径的减小，碳化深度减小，抗碳化效果也越明显。

四、碳化机理分析

(一) 碳化模型

水泥是混凝土的重要组成成分之一，常用的硅酸盐水泥熟料主要由硅酸二钙以及硅酸三钙等组成，拌合过程中，与水以及 CaO 等发生一系列化学反应，如式 (5.50) 和式 (5.51) 所示。

$$3CaO \cdot 2SiO_2 \cdot 3H_2O + 3H_2CO_3 \longrightarrow 2SiO_2 + 3CaCO_3 + 6H_2O \qquad (5.50)$$

$$2CaO \cdot SiO_2 \cdot 4H_2O + 2H_2CO_3 \longrightarrow SiO_2 + 2CaCO_3 + 6H_2O \qquad (5.51)$$

由以上两式可知水泥水化产物主要以 $Ca(OH)_2$ 为主，其在水中的溶解度较低，大部分以结晶态存在于混凝土内部，使得混凝土孔隙充满了饱和的 $Ca(OH)_2$ 溶液，pH 值约为 13，其能够与混凝土中的钢筋表面发生初始的电化学腐蚀，其反应产物 Fe_2O_3 和 Fe_3O_4 使得钢筋表面形成一层密实的覆盖物即钝化膜，从而阻止了钢筋的进一步腐蚀，起到保护钢筋的作用。

当 CO_2 渗入混凝土内部，与孔隙中氢氧化钙发生一系列的化学反应，见式 (5.52)、式 (5.53)：

$$CO_2 + H_2O \longrightarrow H_2CO_3 \qquad (5.52)$$

$$Ca(OH)_2 + H_2CO_3 \longrightarrow CaCO_3 + 2H_2O \qquad (5.53)$$

碳化本身对于混凝土而言是无害的，一定程度上，其碳化产物 $CaCO_3$ 能够填充混凝土孔隙，加大混凝土密实度，然而对于钢筋混凝土，当碳化达到一定深度，即广义上的保护层厚度，钢筋周围孔隙溶液 pH 值降低并趋于中性化，钝化膜被破坏，从而导致钢筋生锈造成体积膨胀，混凝土结构沿钢筋开裂，大大降低了混凝土结构的使用寿命。

简单地分析上述反应式，不难看出混凝土碳化的重要组成因素包括 CO_2、H_2O、$Ca(OH)_2$ 以及 $CaO \cdot SiO_2 \cdot 2H_2O$ 等，其中影响 CO_2 参与碳化反应的因素包括外界 CO_2 浓度以及混凝土本身的密实度，其主要是影响 CO_2 的渗透性能，而影响 H_2O 参与碳化反应的因素包括环境温湿度以及混凝土孔隙水含量，而 $Ca(OH)_2$ 以及 $CaO \cdot SiO_2 \cdot 2H_2O$ 等主要为水化产物因而主要受水灰比影响。可见混凝土碳化是一个复杂的物理化学过程，受到诸多因素影响。

正因为碳化的复杂性，随着各研究侧重点的差异而导致了各碳化模型的差异，诸如前苏联学者阿列克谢耶夫的基于扩散理论，见式 (5.54)。

$$X = \sqrt{\frac{2D_e C_0}{m_0}} \sqrt{t} \qquad (5.54)$$

式中，X 为碳化深度，mm；t 为碳化时间，a；D_e 为 CO_2 在混凝土中的扩散系数；C_0 为环境中 CO_2 的浓度；m_0 为单位体积混凝土吸收 CO_2 的量。

希腊学者 Papadakis 依据 CO_2 以及混凝土中各种可碳化物质在碳化过程中的质量平衡条件，建立了偏微分方程组，简化得到的解析数学模型见式（5.55）。

$$X = \sqrt{\frac{2D_e^\circ [CO_2]^\circ}{[Ca(OH)]^\circ + 3[CSH]^\circ + 3[C_3S]^\circ + 2[C_2S]^\circ}} \sqrt{t} \tag{5.55}$$

式中，$[CO_2]^\circ$ 为环境中 CO_2 的物质的量浓度；$[Ca(OH)]^\circ$、$[CSH]^\circ$、$[C_3S]^\circ$、$[C_2S]^\circ$ 为各种可碳化物质的初始物质的量浓度。

朱安民等以水灰比（W/C）为主要变量，经大量试验得出了相应的碳化深度经验公式：

$$X = \alpha_1 \alpha_2 \alpha_3 (12.1W/C - 3.2)\sqrt{t} \tag{5.56}$$

式中，α_1 为水泥品种影响系数，矿渣水泥取 1.0，普通水泥取 $0.5 \sim 0.7$；α_2 为粉煤灰影响系数，取代水泥量小于 15% 时取 1.1；α_3 为气象条件影响系数，我国的中部地区取 1.0，南方取 $0.5 \sim 0.8$，北方取 $1.1 \sim 1.2$。

邸小坛等以养护条件、水泥品种以及环境条件为修正系数，建立了基于混凝土抗压强度标准值的经验模型，见式（5.57）。

$$x_c = a_1 a_2 a_3 \left[\frac{60}{f_{cuk}} - 1.0\right]\sqrt{t} \tag{5.57}$$

式中，f_{cuk} 为混凝土抗压强度标准值，MPa；a_1 为养护条件修正系数；a_2 为水泥品种修正系数；a_3 为环境条件修正系数。

从上述碳化模型中可以看出，各碳化模型大同小异，基本符合 $X = \alpha \sqrt{t}$，α 为碳化速度系数，不同的研究点导致了不同的碳化速度系数。

（二）机理分析

碳化初期，可参与碳化反应的 $Ca(OH)_2$ 充足，当二氧化碳渗入混凝土内部，碳化反应剧烈，而随着碳化龄期的深入，可碳化的 $Ca(OH)_2$ 逐渐被消耗，碳化速度降低，同时碳化产物 $CaCO_3$ 填充于混凝土内部孔隙，一定程度上加大了混凝土的密实度，减缓了碳化速度。

另外，在实验室条件下，温湿度以及二氧化碳都是一定的，那么各混凝土抗碳化性能的差异很大程度上在于混凝土内部构造的差异。而橡胶的掺入很大程度上能改变混凝土的内部结构且随着橡胶掺量、粒径的不同而各有差异。这不仅仅表现在橡胶本身不与二氧化碳反应且引入的气泡能够有效地减缓二氧化碳的渗透，从而形成一道"抗碳化带",有效地抑制二氧化碳渗入的影响；还有胶粉与水泥浆结合较弱而容易产生表面缝隙，极大地影响了混凝土的密实度，从而加速碳化。

在碳化初期，碳化深度较小，3mm左右，相对于试件宽度100mm，几乎可以忽略，从橡胶分布的概率角度来分析，在混凝土3mm深度左右能够形成有效的"抗碳化带"的概率是较小的，因而主要受到其密实度降低的不利影响，从而导致碳化深度要大于基准混凝土，且橡胶粒径越小，引气量越多，表面缝隙越多，密实度越低，碳化深度越大；而随着碳化的深入，二氧化碳遭遇"抗碳化带"的概率越大，此时橡胶的作用逐渐突显，碳化幅度减小，且橡胶粒径越小，表观密度越小，分布域越大，抗碳化效果越明显。然而当含气量达到一定程度，微小气泡出现连涌现象，形成较大的孔，导致混凝土抗渗性降低，相对碳化速度加快，也是解释了为什么橡胶掺量大于10%时碳化深度反而加大，相关引气混凝土的抗碳化研究也证明了混凝土抗碳化最优含气量的存在，而橡胶集料混凝土表现出来的拐点在橡胶掺量为10%时。

第四节　本章结论

本章系统地研究了橡胶集料混凝土抗冻性、抗氯离子渗透性、抗碳化性能，探讨了不同橡胶粒径以及橡胶掺量对耐久性的影响规律，得到以下基本结论：

（1）橡胶的掺入大大改善了混凝土抗冻性能，混凝土抗冻等级均高于基准混凝土，当掺量为10%时，各系混凝土抗冻等级达到最大值，抗冻融性能最好，较基准混凝土涨幅达40%～70%之多，且橡胶粒径越小，抗冻性能越好；然而随着掺入橡胶粒径的增大，试块表面剥落情况越来越严重，试块质量先减小后增大最后减小，总质量损失较小，直接测量试块冻融循环后质量所得的质量损失不能准确地反映试块表面破坏情况，建议测量剥落物质量。

（2）基于断裂力学理论，结合热力学原理与 Paris 公式，推导出了混凝土经冻融循环作用后剩余寿命预测公式的理论模型：

$$N_c = \begin{cases} \dfrac{1}{C(f\Delta\sigma\sqrt{\pi})^m(0.5m-1)}\left(\dfrac{1}{a_0^{0.5m-1}} - \left(\dfrac{n\pi\sigma^2(R-k)}{2\lambda t T_0 E[1-\mathrm{e}^{-14(R-k)}]}\right)^{0.5m-1}\right) & m\neq 2 \\[4mm] \dfrac{1}{C(f\Delta\sigma\sqrt{\pi})^m}\ln\left(\dfrac{2\lambda t T_0 E[1-\mathrm{e}^{-14(R-k)}]}{na_0\pi\sigma^2(R-k)}\right) & m=2 \end{cases}$$

（3）参照李金玉模型，建立橡胶集料混凝土冻融破坏预测模型：

$$N=\left(\frac{1.527-0.047x_1+0.000787x_1^2-5.645x_2+10.376x_2^2-2.808x_2^3}{1-0.03x_1+0.00052x_1^2-3.961x_2+7.139x_2^2-1.932x_2^3}+1\right)^{1.5}$$

$$\exp\left[-11.188\left(\frac{W}{C}-0.794\right)\right]$$

（4）随着橡胶的掺入，混凝土的抗氯离子渗透性能得到不同程度的提升，且最优掺量为 5%；当橡胶掺量不超过 5% 时，橡胶粒径越小，混凝土抗氯离子渗透性能提升越好；而当橡胶掺量大于 5% 时，各混凝土抗氯离子渗透性能表现出不同程度的下降，但仍然优于基准混凝土，且橡胶粒径越大，混凝土抗氯离子渗透性能提升越好；随着冻融循环的增加，混凝土抗氯离子渗透性劣化效应明显，橡胶的掺入能够有效抑制这种劣化效应，其中以 10% 掺量抑制效果为佳。

（5）依据美国 ASI365 委员会对于 28d 龄期普通硅酸盐水泥混凝土的抗氯离子渗透性简化模型建立橡胶集料混凝土抗氯离子渗透性的经验公式：

$$D=\frac{0.181+1.468a-0.145a^2+0.00348a^3+6.484b}{1+10.813a-1.037a^2+0.042a^3+42.64b+1.297b^2}10^{(-12.06+2.4W/B)}$$

（6）依据中国科学研究院海洋研究所孙丛涛等建立的冻融损伤对混凝土氯离子渗透系数影响的数学模型，建立了橡胶集料混凝土抗氯离子渗透性能的冻融劣化模型：

$$D_N=D_0\,e^{0.1072(1-e^{\frac{4.03-0.74a+0.028a^2-4.17b+0.47b^2}{1-0.13a+0.0059a^2-5.12b+7.48b^2-2.02b^3}N})}$$

（7）橡胶的掺入能够改善混凝土抗碳化性但不显著，以橡胶掺量 10% 为佳，且橡胶粒径越小抗碳化性能越好，其余各掺量改善效果不明显。

第六章 废旧橡胶集料混凝土冻融 循环后的力学性能

第一节 试验设计与试验方法

一、概述

我国大部分处于季节性冰冻地区，尤其对于严寒地区，道路工程、桥梁工程、水工结构、建筑工程等经常承受冻融循环作用，导致工程结构的性能严重退化，进行后期维修的费用往往是初始成本的 3～5 倍，冻融破坏是建筑物老化的重要原因之一。目前，国内外学者对橡胶集料混凝土的抗冻性进行了广泛的研究，主要是以质量和动弹性模量的损失作为评价标准。然而，在实际工程中，评价结构安全性的直接标准是混凝土的力学性能，现有的研究结果并不能直观地反映冻融循环对橡胶集料混凝土力学性能的影响。因此，橡胶集料混凝土作为一种新型材料在我国发展和应用，对冻融循环后力学性能的研究成为重中之重。

本章通过对橡胶粒径为 5～8 目、30～40 目和 60～80 目，掺量分别为 5％、10％和 15％的橡胶集料混凝土进行冻融循环试验，研究了在 0 次、50 次、100 次和 150 次冻融循环后橡胶集料混凝土试块的抗压强度和劈裂抗拉强度，分析了橡胶粒径和橡胶掺量对混凝土冻融循环后力学性能的影响规律。

二、试验设计及方法

(一) 试验参数

试验的试件规格分为两种，试件尺寸、数量以及用途见表 6.1。材料的配合比和试件编号见表 2.8。

表 6.1 试验参数

试件编号	试件规格/(mm×mm×mm)	试件数量/个	试件用途
1	100×100×100	240	抗压和劈裂抗拉
2	100×100×400	36	应力应变

(二) 试验方法

试验试件的制作、冻融循环试验和力学性能试验的方法和步骤,参见第二、三、五章,这里不再赘述。与前面试验的区别在于,当试件进行 50 次、100 次和 150 次冻融循环后,分别取出相应试块,用湿布擦干试块表面,测其质量、抗压强度和劈裂抗拉强度。

第二节 试验结果与分析

一、冻融循环试验

(一) 试验现象

混凝土试块在经受 0 次、50 次、100 次、150 次冻融循环后表观现象如图 6.1 所示。可以看出,随着冻融循环次数的增加,试件原本光滑的砂浆表面逐渐变得粗糙,在 50 次冻融循环后,试块表面部分露出蜂窝状的小孔,其中基准组与橡胶掺量为 15% 的试块表现较为明显;在 100 次冻融循环后,部分试块已露出细骨料,基准组的细骨料则全部露出;在 150 次冻融循环后,试件表面剥落比较严重,部分试件棱角掉落,且有粗骨料露出,从表观现象上看,Cb-5、Cc-5 和 Cc-10 组剥落量较少,变化不大,而其他组受冻融循环的影响表面破损比较严重,最为严重的是基准组和 Ca-15 组。

(二) 质量损失情况

混凝土试块在水中浸泡 4d 后取出,用湿布将试块表面擦干,测得试块的质量记为初始值 W_{0i},同样用湿布擦干从冻融循环机中取出的试块,测得经过 N 次冻融循环后试块的质量记为 W_{ni},混凝土冻融循环后的质量损失率 ΔW_n 计算公式见式 (6.1)。

$$\Delta W_{ni} = \frac{W_{0i} - W_{ni}}{W_{0i}} \times 100 \qquad (6.1)$$

式中,ΔW_{ni} 为 N 次冻融循环后第 i 个混凝土试件的质量损失率,%,精确至

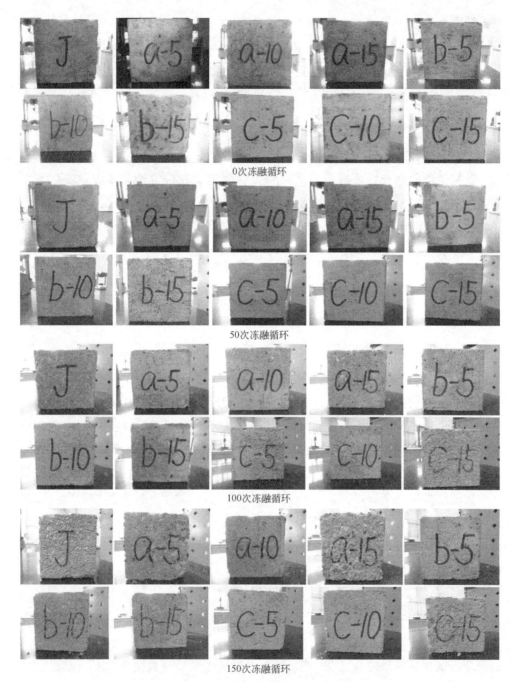

0次冻融循环

50次冻融循环

100次冻融循环

150次冻融循环

图 6.1　橡胶集料混凝土冻融循环后的表观情况

0.01；W_{0i} 为冻融循环前第 i 个混凝土试件的质量，g；W_{ni} 为 N 次冻融循环后第 i 个混凝土试件的质量，g。则质量损失率见式（6.2）。

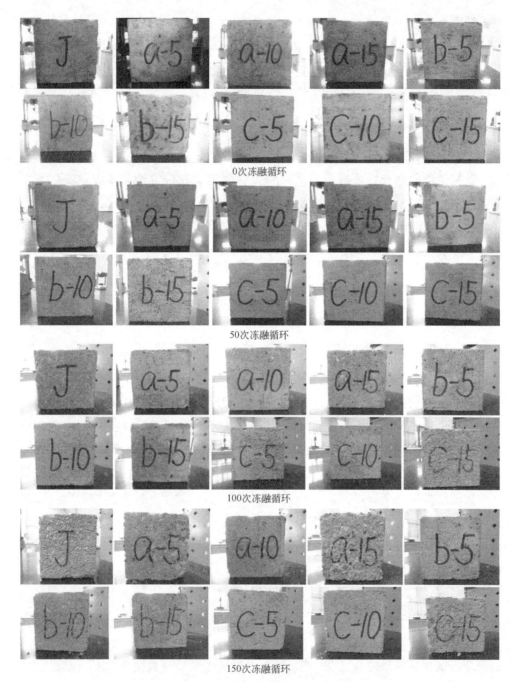
废旧橡胶集料混凝土

102

$$\Delta W_n = \frac{\sum_{i=1}^{3} \Delta W_{ni}}{3} \times 100 \qquad (6.2)$$

式中，ΔW_n 为 N 次冻融循环后一组混凝土试件的平均质量损失率，%，精确至 0.1。

根据公式计算出混凝土试块在经历冻融循环后质量损失率见表 6.2。质量损失率随冻融循环次数的变化情况如图 6.2 所示。

表 6.2　橡胶集料混凝土冻融循环后质量损失率　　　　　　单位：%

试块编号	冻融循环次数			
	0	50	100	150
C$_J$	1	−1.6	2	2.8
Ca-5	1	−2	0.8	3.2
Ca-10	1	0.4	0.8	1.2
Ca-15	1	−0.8	1.2	1.6
Cb-5	1	1.2	1.2	1.2
Cb-10	1	−0.4	1.2	2
Cb-15	1	0	1.2	2
Cc-5	1	−1.2	2	1.6
Cc-10	1	−0.8	1.2	1.6
Cc-15	1	0	2	2

注：负号代表试块质量增加。

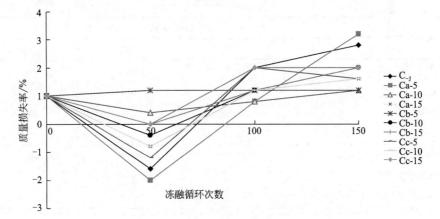

图 6.2　冻融循环后质量损失率

由图 6.2 可看出，直接测量试块的质量并不能准确地反映出混凝土冻融循环后的质量损失率，在经过 50 次冻融循环后，由于表面剥落量较小，而冻融破坏使气孔间形成网状裂纹，水分进入裂纹后使混凝土试块的质量增加，因此虽然表面略有破损，但有一些试块质量没有变化，部分试块质量略有增加。在 100 次冻融循环后，随冻融循环次数的增加，质量损失率呈下降趋势的变化规律比较明显，可以看出基准混凝土试块的质量损失率要大于掺有橡胶的混凝土试块，但在 150 次冻融循环后 Ca-5 组混凝土试块有棱角掉落现象，因此质量损失率较大。通过对试验数据的分析，不建议用直接测量混凝土试块质量计算的质量损失率的结果来评价混凝土的抗冻性。

二、抗压强度试验

(一) 试验现象

在混凝土抗压试验过程中，试块的破坏形式均为柱状破坏，具有相同掺量但不同粒径的橡胶集料混凝土试块的破坏形态较为接近，随着冻融循环次数的增加，试块破坏时表面裂纹逐渐增多，侧面疏松，有大量粗细骨料剥落，掺有橡胶的混凝土试块完整性较好，且在 150 次冻融循环后，Cb-5、Cb-10、Cc-5 和 Cc-10 四组试块在达到极限荷载时仍保持一定的完整性。

(二) 试验结果与分析

根据《普通混凝土力学性能试验方法》中规定，对于尺寸为 100mm×100mm×100mm 的混凝土试块，测得的抗压强度值需乘以系数 0.95，表 6.3 为乘以系数 0.95 后橡胶集料混凝土试块的抗压强度值，表 6.4 为相对抗压强度值，冻融循环次数与相对抗压强度的关系如图 6.3 所示。

表 6.3　抗压强度试验值　　　　　单位：MPa

试块编号	冻融循环次数			
	0	50	100	150
C-J	52.13	49.52	31.8	28.67
Ca-5	51.71	50.68	43.95	28.96
Ca-10	50.4	49.39	40.32	35.28
Ca-15	39.81	38.22	28.66	18.31
Cb-5	49.11	48.13	39.29	34.87
Cb-10	48.21	45.8	39.05	35.19
Cb-15	41.98	39.88	31.9	27.29
Cc-5	47.97	46.53	38.86	35.02
Cc-10	47.77	47.29	39.17	36.31
Cc-15	39.65	39.25	28.15	22.6

表 6.4　相对抗压强度值　　　　　　　　　　　　　单位:%

试块编号	冻融循环次数			
	0	50	100	150
C_J	1	0.95	0.61	0.55
Ca-5	1	0.98	0.85	0.56
Ca-10	1	0.98	0.8	0.7
Ca-15	1	0.96	0.72	0.46
Cb-5	1	0.98	0.8	0.71
Cb-10	1	0.95	0.81	0.73
Cb-15	1	0.95	0.76	0.65
Cc-5	1	0.97	0.81	0.73
Cc-10	1	0.99	0.82	0.76
Cc-15	1	0.99	0.71	0.57

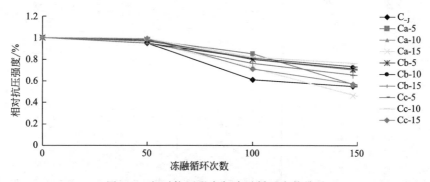

图 6.3　相对抗压强度与冻融循环次数关系

　　由图 6.3 可知,随着冻融循环次数的增加,混凝土相对抗压强度呈下降趋势。
50 次冻融循环后,抗压强度下降比较平缓;100 次冻融循环后,冻融破坏严重,抗
压强度下降比较明显,其中基准混凝土下降最多,为初始状态下的 61%,而掺入
橡胶的混凝土试块的相对抗压强度均在 70% 以上;150 次冻融循环后,各组橡胶的
掺量为 10% 时抗压强度最佳,当橡胶掺量大于 10% 时,冻融循环后的抗压强度减
小甚至低于基准混凝土,且橡胶粒径越小,冻融循环后的抗压强度越大。因此,橡
胶的掺入可以改善混凝土冻融循环后的抗压强度,当橡胶粒径为 60~80 目掺量为
10% 时最优。

三、劈裂抗拉强度试验

(一) 试验现象

在混凝土劈裂抗拉试验过程中,当临近极限荷载时,裂纹从混凝土试块中间沿

纵向迅速扩展，将试块劈裂成两块，与掺有橡胶的混凝土试块相比，基准混凝土试块的劈裂面比较整齐；经过冻融循环后的橡胶集料混凝土试块，断裂面处破坏比较严重，部分橡胶粒有撕裂现象。

（二）试验结果与分析

根据《普通混凝土力学性能试验方法》中规定，对于尺寸为 100mm×100mm×100mm 的混凝土试块，测得的劈裂抗拉强度值需乘以系数 0.85，表 6.5 为乘以系数 0.85 后橡胶集料混凝土试块的劈裂抗拉强度值，表 6.6 为相对劈裂抗拉强度值，冻融循环次数与劈裂抗拉强度之间的关系如图 6.4 所示。

表 6.5　劈裂抗拉强度试验值　　　　　　单位：MPa

试块编号	冻融循环次数			
	0	50	100	150
C-J	3.75	3.38	1.91	1.56
Ca-5	3.69	3.28	2.32	1.7
Ca-10	3.4	3.13	2.04	1.5
Ca-15	3.11	2.67	1.71	1.06
Cb-5	3.52	3.24	2.64	2.39
Cb-10	3.32	3.09	2.56	2.19
Cb-15	2.97	2.73	2.08	1.78
Cc-5	3.43	3.22	2.5	2.2
Cc-10	3.3	3.1	2.55	2.31
Cc-15	2.79	2.62	1.73	1.62

表 6.6　相对劈裂抗拉强度值　　　　　　单位：%

试块编号	冻融循环次数			
	0	50	100	150
C-J	1	0.9	0.51	0.42
Ca-5	1	0.89	0.63	0.46
Ca-10	1	0.92	0.6	0.44
Ca-15	1	0.86	0.55	0.34
Cb-5	1	0.92	0.75	0.68
Cb-10	1	0.93	0.77	0.66
Cb-15	1	0.92	0.7	0.6
Cc-5	1	0.94	0.73	0.64
Cc-10	1	0.94	0.77	0.7
Cc-15	1	0.94	0.62	0.58

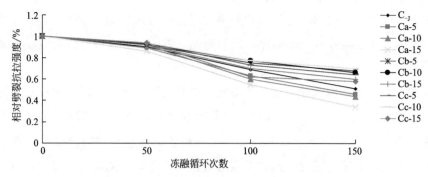

图 6.4　相对劈裂抗拉强度与冻融循环次数关系

由图 6.4 可知，随着冻融循环次数的增加，混凝土相对劈裂抗拉强度呈下降趋势。50 次冻融循环后，各组混凝土劈裂抗拉强度下降到 90％左右，相对劈裂抗拉强度相差不大；100 次冻融循环后，掺橡胶粒 a 组与基准组劈裂抗拉强度下降较大；150 次冻融循环后，掺橡胶粒 a 组的相对劈裂抗拉强度均小于基准组，随着橡胶粒径的减小，相对劈裂抗拉强度增大，其中粒径为 60～80 目掺量为 10％时最优，当粒径为 30～40 目，掺量为 5％～10％时，同样呈现出较好的力学性能。

四、拉压比

拉压比即混凝土劈裂抗拉强度与抗压强度的比值，是衡量混凝土脆性的重要指标，表 6.7 为混凝土冻融循环后的拉压比值。

表 6.7　拉压比

拉压比	冻融循环次数			
	0	50	100	150
C$_{-J}$	0.71	0.068	0.06	0.054
Ca-5	0.071	0.065	0.052	0.059
Ca-10	0.067	0.063	0.051	0.043
Ca-15	0.078	0.07	0.06	0.058
Cb-5	0.072	0.067	0.067	0.069
Cb-10	0.068	0.067	0.066	0.062
Cb-15	0.071	0.068	0.065	0.065
Cc-5	0.072	0.069	0.064	0.062
Cc-10	0.069	0.066	0.065	0.064
Cc-15	0.07	0.067	0.062	0.062

由表 6.7 可以看出，在冻融循环前，橡胶集料混凝土的拉压比与普通混凝土的拉压比大致相同，只有部分橡胶集料混凝土的拉压比大于普通混凝土，呈现出较好

的韧性，并且橡胶集料混凝土的拉压比基本呈线性变化，橡胶掺量和橡胶粒径对其影响不大。经过 150 次冻融循环后，普通混凝土的拉压比为 0.054，而掺入橡胶粉的混凝土的拉压比均在 0.062 以上，可以看出，橡胶的掺入可以改善混凝土冻融循环后的韧性。

我国《混凝土结构设计规范》中规定，混凝土劈裂抗拉强度与抗压强度的关系式为 $f_{sp}=0.49f_{cu}^{0.5}$，美国 ACI 规范对普通混凝土的劈裂抗拉强度与抗压强度的关系表述为 $f_{sp}=0.19f_{cu}^{0.75}$，据此，对本书试验数据进行回归分析可以得出，橡胶集料混凝土冻融循环后劈裂抗拉强度与抗压强度之间的关系式如式（6.3）所示，关系图如图 6.5 所示。

$$f_{sp}=0.0386f_{cu}^{1.14} \qquad R^2=0.92 \tag{6.3}$$

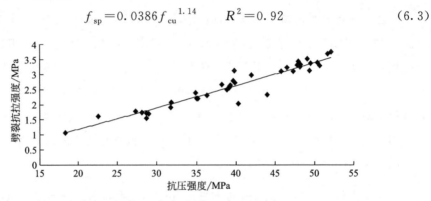

图 6.5　劈裂抗拉强度与抗拉强度的关系

第三节　冻融循环后橡胶集料混凝土力学性能退化模型

一、抗压强度退化模型

对橡胶集料混凝土冻融循环后的相对抗压强度（冻融循环后的抗压强度除以未经过冻融循环的抗压强度）进行分析，通过相对抗压强度随冻融循环次数的变化规律，拟合出两者之间的关系，拟合关系式见表 6.8，拟合曲线见图 6.6～图 6.15。

表 6.8　拟合关系式列表

编号	拟合关系式	拟合度
C_{-J}	$F=-1\times10^{-6}N^2-0.0032N+1.0285$	0.9
Ca-5	$F=-3\times10^{-5}N^2-0.0011N+0.9975$	0.99
Ca-10	$F=-8\times10^{-6}N^2-0.001N+1.012$	0.95
Ca-15	$F=-2\times10^{-5}N^2-0.001N+1.012$	0.99

编号	拟合关系式	拟合度
Cb-5	$F=-7\times10^{-6}N^2-0.0011N+1.0125$	0.95
Cb-10	$F=-7\times10^{-6}N^2-0.0011N+1.0075$	0.98
Cb-15	$F=-6\times10^{-6}N^2-0.0016N+1.011$	0.97
Cc-5	$F=-5\times10^{-6}N^2-0.0012N+1.0105$	0.96
Cc-10	$F=-5\times10^{-6}N^2-0.001N+1.0135$	0.92
Cc-15	$F=-1\times10^{-6}N^2-0.0012N+1.0205$	0.94

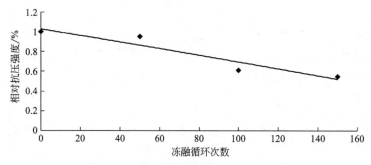

图 6.6　C_J 相对抗压强度-冻融循环次数

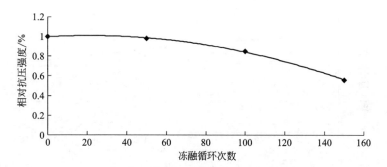

图 6.7　Ca-5 相对抗压强度-冻融循环次数

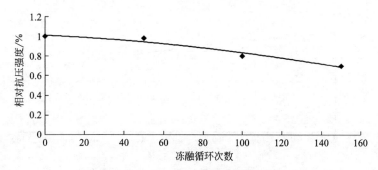

图 6.8　Ca-10 相对抗压强度-冻融循环次数

第六章　废旧橡胶集料混凝土冻融循环后的力学性能

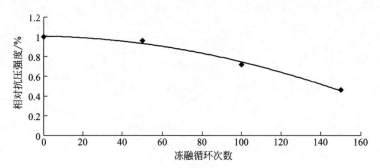

图 6.9　Ca-15 相对抗压强度-冻融循环次数

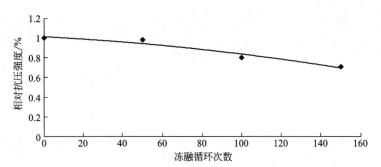

图 6.10　Cb-5 相对抗压强度-冻融循环次数

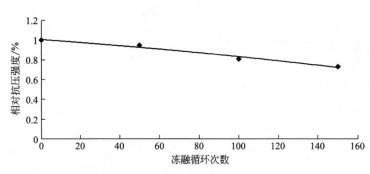

图 6.11　Cb-10 相对抗压强度-冻融循环次数

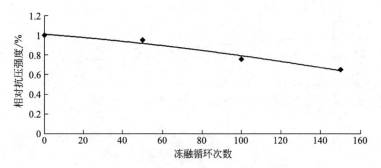

图 6.12　Cb-15 相对抗压强度-冻融循环次数

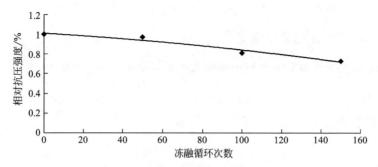

图 6.13　Cc-5 相对抗压强度-冻融循环次数

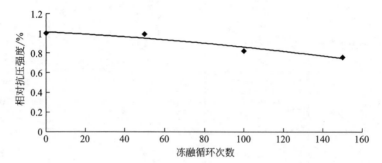

图 6.14　Cc-10 相对抗压强度-冻融循环次数

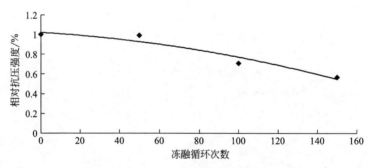

图 6.15　Cc-15 相对抗压强度-冻融循环次数

由表 6.8 可知，基准混凝土的抗压强度退化模型如式（6.4）所示。

$$F = -1 \times 10^{-6} N^2 - 0.0032N + 1.0285 \tag{6.4}$$

式中，F 为相对抗压强度；N 为冻融循环次数。橡胶集料混凝土抗压强度的退化模型如式（6.5）所示。

$$F = aN^2 - 0.001N + 1.012 \tag{6.5}$$

式中，a 为影响因数。运用最小二阶乘法对影响因数 a 进行拟合，拟合公式如式（6.6）所示。

$$a = -1 \times 10^{6} f_{cu}^{2} - 0.0001 f_{cu} + 0.0029 \quad R^{2} = 0.93 \tag{6.6}$$

二、劈裂抗拉强度退化模型

我国目前常用的混凝土劈裂抗拉强度的计算公式为 $f_{sp} = 0.19 f_{cu,m}^{0.75}$，将橡胶集料混凝土的劈裂抗拉强度 f_{sp} 与抗压强度 $f_{cu,m}^{3/4}$ 进行拟合，拟合结果见表 6.9 和表 6.10，拟合曲线如图 6.16～图 6.19 所示。

表 6.9 拟合结果

冻融循环次数	编号	劈裂抗拉强度 f_{sp}/MPa	$f_{cu,m}^{3/4}$/MPa
0	C-J	3.75	19.4
	Ca-5	3.69	19.28
	Ca-10	3.4	18.92
	Ca-15	3.11	15.85
	Cb-5	3.52	18.55
	Cb-10	3.32	18.3
	Cb-15	2.97	16.49
	Cc-5	3.43	18.23
	Cc-10	3.3	18.17
	Cc-15	2.79	15.8
50	C-J	3.38	19.4
	Ca-5	3.28	19.28
	Ca-10	3.13	18.92
	Ca-15	2.67	15.85
	Cb-5	3.24	18.55
	Cb-10	3.09	18.3
	Cb-15	2.73	16.49
	Cc-5	3.22	18.23
	Cc-10	3.1	18.17
	Cc-15	2.62	15.8
100	C-J	2.59	19.4
	Ca-5	2.32	19.28
	Ca-10	2.04	18.92
	Ca-15	1.71	15.85
	Cb-5	2.64	18.55
	Cb-10	2.56	18.3
	Cb-15	2.08	16.49
	Cc-5	2.5	18.23
	Cc-10	2.55	18.17
	Cc-15	1.73	15.8

废旧橡胶集料混凝土

冻融循环次数	编号	劈裂抗拉强度 f_{sp}/MPa	$f_{cu,m}{}^{3/4}$/MPa
150	C-J	1.91	19.4
	Ca-5	1.7	19.28
	Ca-10	1.5	18.92
	Ca-15	1.06	15.85
	Cb-5	2.39	18.55
	Cb-10	2.19	18.3
	Cb-15	1.78	16.49
	Cc-5	2.2	18.23
	Cc-10	2.31	18.17
	Cc-15	1.62	15.8

表 6.10　劈裂抗拉强度 f_{sp} 与 $f_{cu,m}{}^{3/4}$ 的拟合方程

冻融循环次数	0	50
直线方程	$f_{sp}=0.1953f_{cu}{}^{3/4}-0.1645$ $R^2=0.8429$	$f_{sp}=0.1976f_{cu}{}^{3/4}-0.371$ $R^2=0.9372$
冻融循环次数	100	150
直线方程	$f_{sp}=0.2019f_{cu}{}^{3/4}-1.2838$ $R^2=0.9533$	$f_{sp}=0.2074f_{cu}{}^{3/4}-1.7702$ $R^2=0.433$

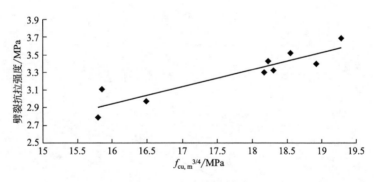

图 6.16　0 次冻融循环

　　从拟合方程可以看出，0 次、50 次、100 次冻融循环的拟合公式拟合度较高，经过 150 次冻融循环后橡胶集料混凝土内部破损比较严重，而劈裂抗拉强度的变化十分敏感，因此拟合度较低，但拟合曲线的趋势符合变化规律。通过分析比较得出四个公式存在一个通式：$f_{sp}=0.2f_{cu}{}^{3/4}-a$，其中 a 看作冻融循环次数 N 与劈裂抗拉强度 f_{sp} 以及 $f_{cu}{}^{3/4}$ 的影响因数，根据 a 随冻融循环次数的变化规律，将二者拟合成关系式。a 与 N 的关系式见式（6.7）。

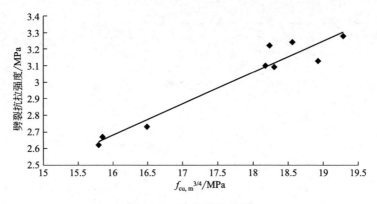

图 6.17　50 次冻融循环

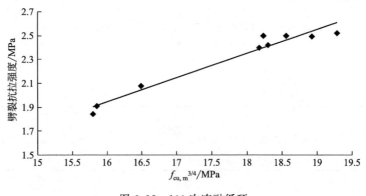

图 6.18　100 次冻融循环

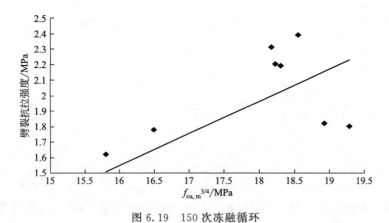

图 6.19　150 次冻融循环

$$a = 3 \times 10^{-5} N^2 + 0.0073N + 0.1079 \qquad R^2 = 0.96 \qquad (6.7)$$

由式（6.7）可以看出，橡胶集料混凝土冻融循环后劈裂抗拉强度与初始抗压强度成线性关系，这一特性与普通混凝土相同，试验数据与拟合曲线良好。

第四节　本章结论

本章系统地研究了橡胶集料混凝土冻融循环后的力学性能，得到以下基本结论：

（1）随着冻融循环次数的增加，混凝土试块的质量呈下降趋势，且橡胶集料混凝土的质量损失率要小于基准混凝土，但是在 50 次冻融循环后由于试块表面剥落较小并且有水分进入试块，导致部分试块质量增加，因此本文不建议用直接测量试块质量的方法测量质量损失率；

（2）随着冻融循环次数的增加，橡胶集料混凝土的抗压强度和劈裂抗拉强度均呈下降趋势，橡胶的掺入可以提高混凝土冻融循环后的强度，且最佳掺量为 10%，最佳橡胶粒径为 60~80 目；

（3）在未进行冻融循环前，基准混凝土与橡胶集料混凝土的拉压比相近，随着冻融循环次数的增加，掺入橡胶粒径为 30~40 目和 60~80 目的橡胶集料混凝土的拉压比要大于基准混凝土，橡胶的掺入可以改善冻融循环后混凝土的韧性；

（4）通过对试验数据的拟合分析，得出橡胶集料混凝土的强度退化模型。

主要参考文献

[1] 曹宏亮，史长城，王大辉，等.橡胶混凝土配置方法试验研究［J］.新型建筑材料，2011，38（1）：13-18.

[2] 余志武，潘志宏，谢友均，等.浅谈自密实高性能混凝土配合比的计算方法［J］.混凝土，2004（1）：54-57.

[3] 李伟，盖玉杰，王晓初.橡胶混凝土的力学性能试验［J］.东北林业大学学报，2009，37（4）：63-64.

[4] 王开惠，朱涵，祝发珠.氯盐侵蚀环境下橡胶集料混凝土的力学性能研究［J］.长沙交通学院学报，2006，22（4）：39-42.

[5] 欧兴进，朱涵.橡胶集料混凝土氯离子渗透性试验研究［J］.混凝土，2006，22（3）：46-49.

[6] 王涛，洪锦祥，缪昌文，等.橡胶混凝土的试验研究［J］.混凝土，2009，25（1）：67-69.

[7] 徐金花，冯夏庭，陈四利，等.橡胶集料对混凝土抗冻性的影响［J］.东北大学学报，2012，33（6）：896-898.

[8] 袁群，冯凌云，翟敬栓，等.橡胶混凝土的抗碳化性能试验研究［J］.混凝土，2011（7）：91-96.

[9] 梁金江，何壮彬，覃峰，等.橡胶粉改性水泥混凝土引气性能试验分析的研究［J］.混凝土，2011（1）：98-100.

[10] 万惠文，杨鸿雁，吕艳锋.引气混凝土抗氯离子渗透性与孔结构特性［J］.建筑材料学报，2008，11（4）：410-413.

[11] 杨春峰，叶文超，杨晓慧.废旧橡胶集料混凝土抗冻融性能的试验研究［J］.混凝土，2013（3）：81-83.

[12] 杨春峰，王培竹，孙明博.废旧橡胶集料混凝土拌合物含气量及坍落度的试验研究［J］.混凝土，2014（11）：53-55.

[13] 肖前慧，牛荻涛，赵阳，等.冻融环境下引气混凝土力学性能研究［J］.混凝土.2009（6）：10-11.

[14] 曹大富，富立志.冻融环境下普通混凝土力学性能的试验研究［J］.混凝土.2010（10）：34-40.

[15] 梁黎黎.冻融循环作用下混凝土力学性能试验研究［J］.混凝土，2012（3）：55-57.

[16] 冯文贤，魏宜达，李丽娟.高强橡胶混凝土单轴受压本构关系的试验研究［J］.新型建筑材料，2010（2）：12-15.

[17] 曹大富，富立志，杨忠伟，等.冻融循环下砼力学性能与相对动弹性模量关系［J］.江苏大学学报.2012，33（6）：721-725.

[18] 杨春峰，叶文超，吴文辉.混凝土冻融破坏分析及剩余寿命预测［J］.沈阳大学学报，2013，25（3）：238-240.

[19] Oikonomou N, Mavridou S. Improvement of chloride ion penetration resistance in cement mortars modified with rubber frome worn automobile tires［J］. Cement & Concrete Composites，2009（4）：4-5.

[20] Lueiano J, Mihenberger M. Predicting chloride diffusion coefficients from concrete Mixture proportions［J］. ACI Structural Journal，1999，96（6）：698-702.

[21] Toutanji H A. The Use of rubber tire partielein conerete to replace mineral aggregates［J］. Cementand Conerete Com Posites，1996，18（2）：135-139.

[22] Li G, Stubblefleld M A, Garrick G, et al. Development of waste tire modified concrete［J］. Cement and Concrete Research，2004，34（12）：2283-2289.